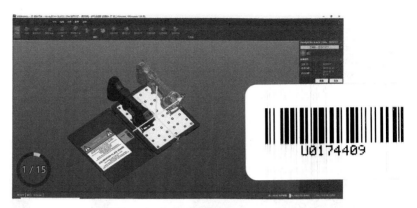

图 2-15　扫描仪校准界面

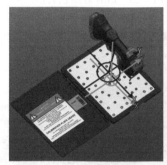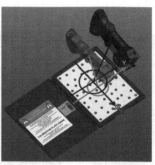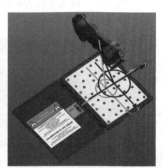

a) 垂直方向　　　　　　　　　b) 左右方向　　　　　　　　　c) 前后方向

图 2-16　扫描仪校准

a) 曝光饱和　　　　　　　　　b) 快门最优　　　　　　　　　c) 曝光不足

图 2-20　自动调节激光线情况

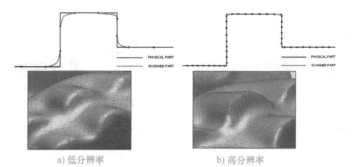

a) 低分辨率　　　　　　　　　　　　b) 高分辨率

图 2-22　分辨率与精度的关系

图 2-24　激光颜色表示距离

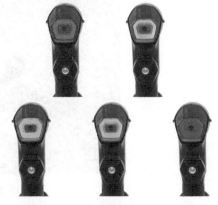

图 2-25　LED 灯颜色表示距离

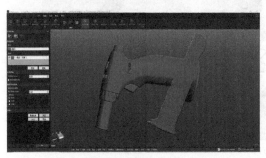

图 2-39　焊枪合并扫描（一）

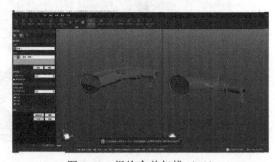

图 2-40　焊枪合并扫描（二）

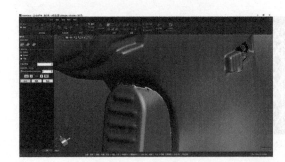

图 2-59　填充孔

图 2-60　孔填充完成

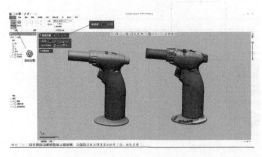

图 3-46　焊枪自动分割

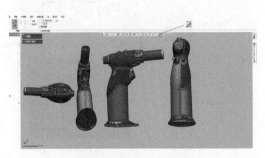

图 3-47　焊枪手动分割

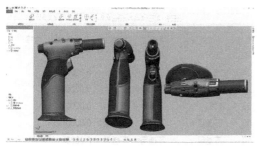

图 3-52　最终合并

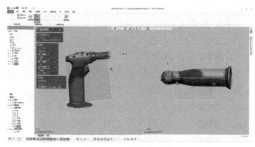

图 3-58　手动对齐

图 3-95　绘制 2D 截面轮廓（一）

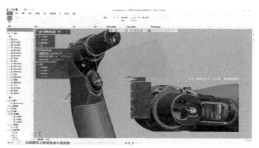

图 3-96　绘制 2D 截面轮廓（二）

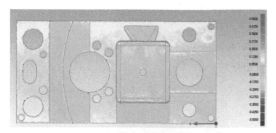

图 4-20　色谱图

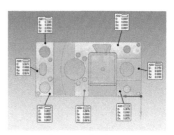

图 4-22　创建注释

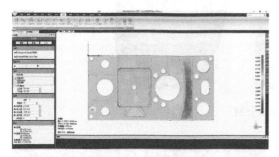

图 4-47　色谱图

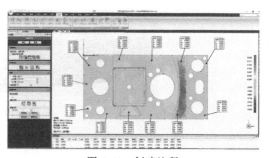

图 4-48　创建注释

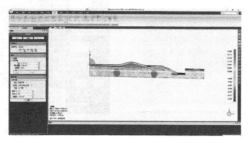

图 4-51　2D 比较平面切割

GD&T 视图 1

	名称	公差	测量值	状态	最小值	最大值	#点	#体外孤点	#通过	#失败	公差补偿	注释
1	垂直度 1	0.0500	0.5575	失败	-0.2788	0.2788	6238	165	4806	1267	0.0000	
2	面轮廓度 1	0.0500	1.2207	失败	-0.6103	0.0506	2468	28	0	2440	0.0000	
3	平面度 1	0.0500	0.4857	失败	-0.2428	0.2428	2862	100	2449	313	0.0000	
4	倾斜度 1	0.0500	0.3986	失败	-0.1993	0.1993	3911	116	2943	852	0.0000	
5	位置度 1	1.0000	1.2310	失败	不适用	不适用	10	不适用	不适用	不适用	0.0000	
6	位置度 2	0.5000	0.0567	通过	不适用	不适用	10	不适用	不适用	不适用	0.0000	

图 4-62　评估结果

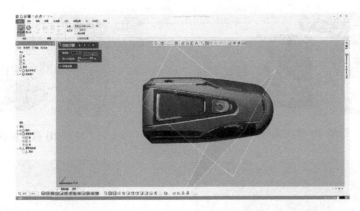

图 6-18　车灯自动分割

图 6-19　领域分割

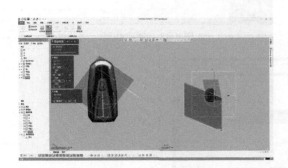

图 6-25　车灯手动对齐

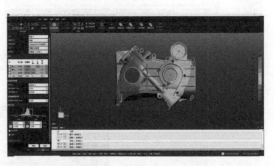

图 6-117　添加箱体类零件色谱图

高等职业教育机械类专业系列教材

逆向设计及其检测技术

主　编　殷红梅　刘永利
副主编　侯雯卉　李　烨　张奎晓
参　编　徐　钦　曹　怡　江健峰　张本忠
　　　　刘志宏　倪东阳　林立俊
主　审　刘振英

机械工业出版社

本书从逆向设计及其质量检测技术应用需求出发，以焊枪、板类零件、自行车车灯、箱体类零件等典型产品的逆向设计为项目载体，依据产品的逆向设计和质量检测流程安排任务，在流程中体现设计任务，在任务中深化流程，结构体系清晰，便于学习和理解。

　　本书包括六个项目，每个项目由若干个任务构成。项目一介绍了逆向工程的概念、工艺路线、工作流程及逆向工程技术的应用领域；项目二介绍了数据采集的方法、三维扫描流程及 HandySCAN 3D 手持式三维激光扫描仪的使用，以焊枪为载体，进行外形三维扫描，并进行焊枪外形三角网格结构数据处理；项目三介绍了使用 Geomagic Design X 逆向设计软件进行坐标对齐与 CAD 数模重构的方法，并进行焊枪外形数模重构；项目四应用 Geomagic Control 软件进行板类零件的数据分析与检测，并创建检测报告；项目五应用 VXinspect 软件进行板类零件的数据分析与检测，并创建检测报告；项目六是综合训练，包含自行车车灯的三维扫描和 CAD 数模重构，以及箱体类零件的三维扫描和分析检测两个综合案例。同时，为增强表达效果，本书双色印刷，并设置彩色插页和二维码，辅助展示彩色图像和学习理解。

　　本书可作为应用型本科、高职高专等院校模具设计与制造、机械设计与制造、机械制造与自动化、工业设计等专业的教材，也可以作为从事逆向设计及质量检测技术工作人员的培训教材或参考用书。

　　本书配有电子课件，凡使用本书作为教材的教师，可登录机械工业出版社教育服务网（http://www.cmpedu.com），注册后免费下载，咨询电话：010-88379375。

图书在版编目（CIP）数据

逆向设计及其检测技术/殷红梅，刘永利主编. —北京：机械工业出版社，2020.8（2023.6重印）
高等职业教育机械类专业系列教材
ISBN 978-7-111-65867-2

Ⅰ.①逆… Ⅱ.①殷…②刘… Ⅲ.①工业产品-产品设计-高等职业教育-教材②工业产品-质量检查-高等职业教育-教材 Ⅳ.①TB472

中国版本图书馆 CIP 数据核字（2020）第 109315 号

机械工业出版社（北京市百万庄大街22号　邮政编码100037）
策划编辑：王　丹　责任编辑：王　丹　安桂芳
责任校对：潘　蕊　封面设计：鞠　杨
责任印制：邵　敏
中煤（北京）印务有限公司印刷
2023 年 6 月第 1 版第 3 次印刷
184mm×260mm · 14.75 印张 · 2 插页 · 359 千字
标准书号：ISBN 978-7-111-65867-2
定价：46.00 元

电话服务　　　　　　　　　　网络服务
客服电话：010-88361066　　机 工 官 网：www.cmpbook.com
　　　　　010-88379833　　机 工 官 博：weibo.com/cmp1952
　　　　　010-68326294　　金 书 网：www.golden-book.com
封底无防伪标均为盗版　　机工教育服务网：www.cmpedu.com

PREFACE

3D measurement is becoming a key activity in various industries as it is being used in various design and engineering applications and post production activities especially in quality control. Only few years ago, most of these activities were done with single point measurement tools (tape, ruler, arm, CMM...). The process of part/assemblies measurement using this process was either labor intensive, time consuming or inaccurate.

With introduction on the market in early 2000, non-contact metrology measurement technologies (laser scanning, structural light...) have become the most beneficial method of acquiring and characterizing complex shapes and measuring dimensions. Many benefits are attached to these technologies, such as speed of acquisition, accuracy, flexibility and cost, compared to traditional methods.

Being in the business of 3D measurement for over the last 15 years, I have witnessed the progression in performance of 3D measuring devices and expansion in serious industries such as automotive, aerospace, manufacturing, healthcare, oil, and gas. The technology developed at Creaform for example, have become metrology grades over the years. So not only it delivers highest level of accuracy and repeatability in various situation but it complies with highest quality standards with toughest level of factory acceptance.

This book will make a 360° view of 3D scanning technologies currently on the market as well as showing specific lessons on scanning, data processing and reverse engineering techniques crucial in many industry applications and becoming standard in all design processes.

David Gagné
Creaform Vice-president

序

随着三维测量在各种设计活动、工程应用领域、后期制作活动，尤其是质量控制中的应用越来越广泛，它已经成为各行各业不可或缺的关键技术。仅在几年前，大部分类似工作还是通过单点测量工具（钢卷尺、金属直尺、关节臂、三坐标测量机等）来完成。使用这些工具测量零件或组件，要么费时费力，要么不够精准。

非接触式计量级测量技术（激光扫描、结构光扫描等）自 2000 年年初推向市场后，已经成为采集复杂形状特征以及尺寸测量的理想之选。与传统方法相比，该技术在采集速度、准确性、灵活性和成本等诸多方面具有明显优势。

作为一名在三维测量行业深耕超过 15 年的从业者，我见证了三维测量设备性能的不断提升，及其在汽车、航空航天、制造业、医疗保健、石油和天然气等重工业领域的发展。以 Creaform（形创中国）开发的技术为例，寥寥数年已达到国际计量级水准。因此，相关技术不仅能在各种环境影响下保证理想的精度和可重复性，而且符合严苛的工厂验收质量标准。

本书将全面介绍目前市场上的三维扫描技术，同时向读者展示扫描、数据处理和逆向工程技术的具体流程，这些技术在许多行业应用中至关重要，并逐渐成为各类设计过程的标准。

David Gagné

形创中国　副总裁

前　言

本书是江苏电子信息职业学院和 Creaform（形创中国）的校企合作建设成果之一。

逆向设计和检测技术已成为产品开发和创新的一种重要手段，被广泛应用于机械工程、汽车、家电、航空航天、生物医学、建筑和文化创意等行业和领域。随着越来越多的企业将逆向设计和检测技术引入产品开发，企业对具备逆向设计和检测技术知识及能力的高素质、高技能人才的需求也逐渐增多。

本书的编写，以逆向设计和检测技术应用为重点，以必要的理论知识为依托，遵循"项目驱动、任务引领"的改革理念，以典型产品的快速开发为项目载体，依据产品开发流程设计任务，强化技术应用，将逆向设计和三维检测技术两部分的知识和技能糅合在一起，使学生可在短时间内掌握逆向设计与检测技术的基本知识，并具备应用该技术的基本能力。

为增强表达效果，本书采用双色印刷，并设置彩色插页和二维码，辅助展示彩色图像和学习理解。同时，本书具有以下特色：

1. 以新技术发展为主题，突出技术应用

内容选取上，本书力求反映逆向设计和三维检测技术发展的最新动态和实际需求，紧紧围绕新技术、新工艺、新设备在典型产品逆向设计与检测中的具体应用，把产品逆向设计与检测的工作流程及技术应用贯穿于项目布置和任务实施中。

2. 以"项目驱动，任务引领"为理念，设计教材结构

按照产品逆向设计和检测的具体流程设计项目。在项目的设计中，将逆向设计和检测技术的应用通过知识点、案例、实际操作等有机结合；在"任务实施"环节，将知识、技术与方法通过案例教学统一，使学生对产品的快速开发有整体认识，并有针对性地强化对逆向设计、三维检测技术的理解及应用能力的培养。

3. 以"产品"为对象、"流程"为脉络，设计学习任务

按照"三维扫描→数模重构→三维检测"的典型流程，将典型产品的逆向设计需求贯穿于整个流程，设计学习任务。在流程中体现任务，在任务中深化流程，结构体系清晰，便于学习和理解。

4. 以校企合作模式为指导，组建教材编写团队

本书的开发注重与企业的合作，邀请工程技术人员参与本书的编写。本书的编写团队由一线骨干教师和 Creaform（形创中国）的资深工程技术专家组成，团队技术能力强、教学经验丰富，实现了校企共同开发。

本书由江苏电子信息职业学院殷红梅、刘永利担任主编；由唐山工业职业技术学院侯雯卉、韶关市技师学院李烨、安徽水利水电职业技术学院张奎晓担任副主编；Creaform（形创

中国)徐钦、曹怡、江健峰、倪东阳、林立俊,韶关市技师学院张本忠、刘志宏参与编写。其中,殷红梅、刘永利编写了项目一和项目三,徐钦、曹怡、江健峰、殷红梅编写了项目二,侯雯卉、李烨编写了项目四,倪东阳、江健峰、林立俊编写了项目五,张本忠、张奎晓、刘志宏编写了项目六。全书由殷红梅、刘永利统稿、定稿。

本书由金砖国家工商理事会(中方)技能发展工作组组长、一带一路暨金砖国家技能发展国际联盟理事长、金砖国家技能发展与技术创新大赛组委会执委会主席刘振英博士担任主审。刘振英博士对本书的编写提出了宝贵的建议和意见。此外,本书的编写还得到了唐山工业职业技术学院、韶关市技师学院、安徽水利水电职业技术学院、北京嘉克新兴科技有限公司等单位,以及杰魔(上海)软件有限公司杨冰峰等相关技术专家和老师的帮助,在此一并表示衷心的感谢。

由于编者水平有限,书中难免存在疏漏及不足之处,恳请广大读者批评指正,提出宝贵意见。

编 者

二维码索引表

正文页码	二维码名称	二维码	正文页码	二维码名称	二维码
2	E1-1 微课1-1		54	E3-1 精度分析	
4	E1-2 微课1-2		66	E3-2 焊枪合并（一）	
4	E1-3 微课1-3		68	E3-3 焊枪平面1	
6	E1-4 微课1-4		68	E3-4 焊枪参考线1	
20	E2-1 微课2-1		69	E3-5 焊枪平面3	
24	E2-2 扫描仪配置图		70	E3-6 焊枪平面4	
28	E2-3 扫描界面		70	E3-7 焊枪面片拟合1	
29	E2-4 编辑扫描		70	E3-8 焊枪面片拟合2	

（续）

正文页码	二维码名称	二维码	正文页码	二维码名称	二维码
71	E3-9　焊枪剪切曲面1		85	E3-19　焊枪放样5	
73	E3-10　焊枪放样1		99	E4-1　参考对象	
73	E3-11　焊枪缝合1		99	E4-2　测试对象	
73	E3-12　焊枪面片拟合3		107	E4-3　初始对齐结果	
74	E3-13　焊枪面片拟合4		108	E4-4　N点对齐	
74	E3-14　焊枪面片拟合5		108	E4-5　精确对齐结果	
78	E3-15　焊枪放样3		110	E4-6　自动创建完成	
79	E3-16　焊枪放样4		117	E4-7　项目四检测报告	
81	E3-17　焊枪面片拟合6		143	E5-1　面片最佳拟合对齐结果	
82	E3-18　焊枪剪切曲面7~9		145	E5-2　板类零件基准对齐	

（续）

正文页码	二维码名称	二维码	正文页码	二维码名称	二维码
145	E5-3　板类零件特征注释		170	E6-6　车灯面片拟合1	
146	E5-4　板类零件添加色谱图		171	E6-7　车灯放样2	
146	E5-5　板类零件创建注释		171	E6-8　车灯放样3	
149	E5-6　板类零件几何公差快照		173	E6-9　车灯放样4	
151	E5-7　项目五检测报告		174	E6-10　车灯面片拟合2	
160	E6-1　车灯扫描		175	E6-11　车灯面片拟合3	
162	E6-2　车灯合并扫描		177	E6-12　车灯面片拟合4	
163	E6-3　车灯对齐数据		179	E6-13　车灯面片拟合5	
165	E6-4　车灯平面1		183	E6-14　车灯放样15~18	
170	E6-5　车灯放样1		184	E6-15　车灯缝合1	

（续）

正文页码	二维码名称	二维码	正文页码	二维码名称	二维码
184	E6-16 车灯面片拟合 7		199	E6-21 箱体类零件扫描	
185	E6-17 车灯放样 19		207	E6-22 箱体面片最佳拟合对齐结果	
186	E6-18 车灯放样 21		208	E6-23 箱体创建约束平面 2	
186	E6-19 车灯放样 22		216	E6-24 项目六检测报告	
187	E6-20 车灯面片拟合 8				

目 录

项目一　逆向工程技术概述

教学导航

项目名称	逆向工程技术概述	
教学目标	1. 理解逆向工程的概念 2. 掌握逆向工程的工艺路线及逆向工程的工作流程 3. 了解逆向工程技术的应用领域	
教学重点	1. 逆向工程的概念 2. 逆向工程的工艺路线及逆向工程的工作流程	
工作任务名称	主要教学内容	
	知识点	技能点
任务一　逆向工程技术基础认知	1. 逆向工程的概念 2. 逆向工程的工艺路线 3. 逆向工程的工作流程	了解逆向工程的工艺路线及工作流程
任务二　逆向工程技术应用了解	1. 仿制 2. 改进设计 3. 创新设计	了解逆向工程技术的应用领域
教学资源	教材、视频、课件、设备、现场、课程网站等	
教学(活动)组织建议	1. 教师介绍本课程在专业中的作用,以及课程教学内容、学习方法、考核方法 2. 播放视频,请学生回答逆向工程的概念,教师总结给出正确答案 3. 根据逆向工程的概念,请学生回答逆向工程的工作流程,教师总结 4. 教师举例讲授逆向工程技术的应用领域 5. 教师总结	
教学方法建议	观摩教学、案例教学、分组讨论等	
考核方法建议	通过课后作业(逆向工程的概念、逆向工程的工艺路线及逆向工程的工作流程)来考核学生的掌握情况,并通过提问来进一步验证学生的掌握情况	

任务一　逆向工程技术基础认知

【任务描述】

　　某进口汽车修理厂在修理汽车时,需要某个配件,因为国内没有该配件并且客户急需用

1

车，进口配件时间较长，所以只能在国内生产该配件。

请问：通过哪些技术才能实现目的，如何做到？

【相关知识】

E1-1　微课 1-1

一、逆向工程的概念

逆向工程（Reverse Engineering，RE）又称反求工程或反向工程，是通过各种测量手段及三维几何建模方法，将原有实物转化为三维数字模型，并对模型进行优化设计、分析和加工的过程。

产品的传统设计过程是基于功能和用途，从概念出发绘制出产品的二维图样，而后制作三维几何模型，经检查满意后再制造出产品来，采用的是从抽象到具体的思维方法，如图 1-1 所示。

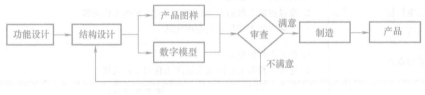

图 1-1　传统设计过程

逆向设计是对已有实物模型进行测量，并根据测得的数据重构出数字模型，进而进行分析、修改、检验、输出图样，然后制造出产品的过程，如图 1-2 所示。

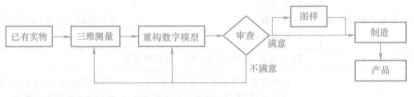

图 1-2　逆向设计过程

简单来说，传统设计和制造是从图样到零件（产品）；而逆向工程的设计是从零件（或原型）到图样，再经过制造过程到零件（产品），这就是逆向的含义。

在产品开发过程中，由于形状复杂，产品往往包含许多自由曲面，很难直接用计算机建立数字模型，常常需要以实物模型（样件）为依据或参考原型，进行仿型、改型或工业造型设计。如汽车车身的设计和覆盖件的制造，通常先由工程师手工制作出油泥或树脂模型，形成样车设计原型，再用三维测量的方法获得样车的数字模型，然后进行零件设计、有限元分析、模型修改、误差分析和数控加工指令生成等，如图 1-3 所示；也可进行快速原型制造（3D 打印出产品模型），并进行反复优化评估，直到得到满意的设计结果。因此，可以说逆向工程就是对模型进行仿型测量、CAD 模型重构、模型加工并进行优化评估的设计方法。

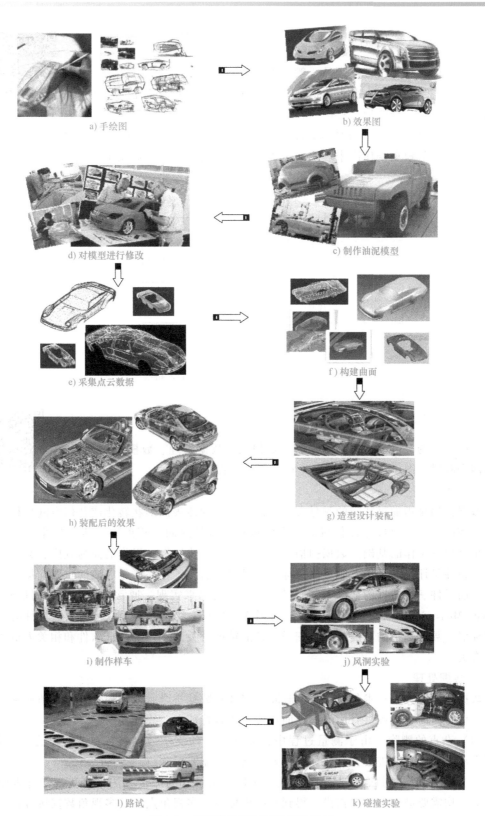

a) 手绘图

b) 效果图

c) 制作油泥模型

d) 对模型进行修改

e) 采集点云数据

f) 构建曲面

g) 造型设计装配

h) 装配后的效果

i) 制作样车

j) 风洞实验

k) 碰撞实验

l) 路试

图 1-3 汽车车身逆向工程应用案例

二、逆向工程的工艺路线

应用逆向工程技术开发产品一般采用以下工艺路线：

E1-2　微课 1-2

1）用三维数字化测量仪器准确、快速地测量出轮廓坐标值，并建构曲面，经编辑、修改后，将图档转至一般的 CAD/CAM 系统。

2）将 CAM 所产生的刀具 NC 加工路径送至 CNC 加工机床制作所需模型，或者采用 3D 打印技术将样品模型制作出来。逆向工程开发产品的工艺路线如图 1-4 所示。

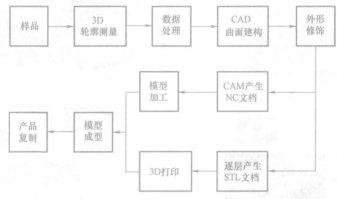

图 1-4　逆向工程开发产品的工艺路线

三、逆向工程的工作流程

逆向工程的一般过程包括实物的数据扫描、数据处理、数模重构、模型制造四个阶段。图 1-5 所示为逆向工程的工作流程。

E1-3　微课 1-3

1. 数据扫描

数据扫描是指通过特定的测量方法和设备，将物体表面形状转化成几何空间坐标点，从而得到逆向建模以及尺寸评价所需数据的过程，这是逆向工程的第一步，是非常重要的阶段，也是后续工作的基础。数据扫描设备的方便性、快捷性，操作的简易程度，数据的准确性、完整性是评价测量设备的重要指标，也是保证后续工作高质量完成的重要前提。

目前样件三维数据的获取主要通过三维测量技术来实现，通常采用三坐标测量机（Coordinate Measuring Machine，CMM）、三维激光扫描仪、结构光测量仪等来获取样件的三维表面坐标值。数据扫描的精度除了与扫描设备的精度有关外，还与扫描软件和相关人员的操作水平有关。

2. 数据处理

数据处理的关键技术包括杂点的删除、多视角数据拼合、数据简化、数据填充和数据平滑等，可为曲面重构提供有用的三角面片模型或者特征点、线、面。

（1）杂点的删除　由于测量过程中常需要一定的支承或夹具，在非接触光学测量时，会把支承或夹具扫描进去，这些都是体外的杂点，需要删除。

（2）多视角数据拼合　无论是接触式还是非接触式的测量方法，要获得样件表面所有的数据，均需要进行多方位扫描，得到不同坐标下的多视角点云。多视角数据拼合就是把不同视角的测量数据对齐到同一坐标下，从而实现多视角数据的合并。数据对齐方式一般有扫

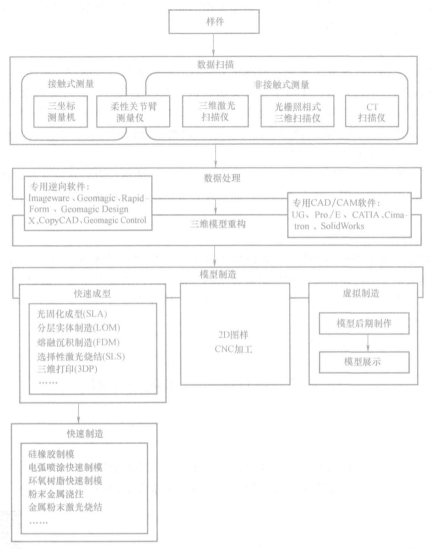

图 1-5　逆向工程的工作流程

描过程中自动对齐和扫描后通过手动注册对齐，如果采用扫描过程中自动对齐，必须在扫描件表面贴上专用的拼合标记点。数据扫描设备自带的扫描软件一般都有多视角数据拼合的功能。

（3）数据简化　当测量数据的密度很高时，光学扫描设备常会采集到几十万、几百万甚至更多的数据点，存在大量的冗余数据，严重影响后续算法的效率，因此需要按一定要求减少数据量。这个减少数据的过程就是数据简化。

（4）数据填充　由于被测实物本身的几何拓扑原因或者在扫描过程中受到其他物体的阻挡，会存在部分表面无法测量、所采集的数字化模型存在数据缺损的现象，因而需要对数据进行填充补缺。例如，某些深孔类零件可能无法测全；另外，在测量过程中常需要一定的支承或夹具，样件与夹具接触的部分就无法获得真实的坐标数据。

（5）数据平滑　由于样件表面粗糙，或扫描过程中发生轻微振动等原因，扫描的数据中包含一些噪声点，这些噪声点将影响曲面重构的质量。通过数据的平滑处理，可提高数据的光滑程度，改善曲面重构质量。

3. 三维模型重构

三维模型重构是在获取了处理好的测量数据后，根据实物样件的特征重构出三维模型的过程。一般有两种重构方法：①对于精度要求较低、型面复杂的产品的逆向设计，如玩具、艺术品等，常采用基于三角面片直接建模的方法；②对于精度要求较高的型面复杂产品的逆向开发，常采用拟合 NURBS（曲面，面片）或参数曲面建模的方法，以点云为依据，通过构建点、线、面，还原初始三维模型。

三维模型的数模重构是后续处理的关键步骤，设计人员不仅需要熟练掌握软件，还要熟悉逆向造型的方法和步骤，并且要洞悉产品原设计人员的设计思路，然后再结合实际情况有所创造。

4. 模型制造

模型制造可采用 3D 打印技术、数控加工技术、模具制造技术等。其中，3D 打印技术也称为快速成型、增材制造等，它是制造技术的一次飞跃，从成型原理上提出了一个全新的思维模式。自从这种材料累加成型的思想产生以来，研究人员开发出了多种 3D 打印工艺方法，如光固化成型（SLA）、选择性激光烧结（SLS）、分层实体制造（LOM）、熔融沉积制造（FDM）等，多达几十余种。

任务二 逆向工程技术应用了解

【任务描述】

逆向工程不是简单地将原有物体还原，它是在还原的基础上进行二次创新。

请问：这项技术一般都应用到哪些领域，并取得了重大的经济和社会效益？

【相关知识】

逆向工程技术为产品的改进设计提供了方便、快捷的工具，缩短了产品开发周期，使企业适应小批量、多品种的生产要求，从而在激烈的市场竞争中处于有利的地位。逆向工程技术的应用对我国企业缩小与发达国家企业的差距具有特别重要的意义。

E1-4 微课 1-4

逆向工程技术的应用可分为三个层次：

1. 仿制

这是逆向工程技术的低级应用。包括文物、艺术品的复制，产品原始设计图样文件缺少或遗失，及部分零件的重新设计，或是委托厂商交付一件样品或产品，如木鞋模、高尔夫球头等。

2. 改进设计

这是逆向工程技术的中级应用。利用逆向工程技术，直接在已有的国内外先进产品的基础上，进行结构性能分析、设计模型重构、再设计优化与制造，吸收并改进国内外先进的产品和技术，可极大地缩短产品开发周期，有效地占领市场，这是一个基于逆向工程的典型设计过程。

3. 创新设计

这是逆向工程技术的高级应用。在飞机、汽车和模具等行业的设计和制造过程中，产品通常由复杂的自由曲面拼接而成，在此情况下应用逆向工程技术，设计者通常先设计出概念图，再以油泥、黏土模型或木模代替 3D-CAD 设计，然后用测量设备测量产品外形数据，建构 CAD 模型，在此基础上进行设计，最终制造出产品。

逆向工程技术的具体应用实例如下：

（1）新产品开发　产品的工业美学设计逐渐被纳入创新设计的范畴。为实现创新设计，可将工业设计和逆向工程结合起来共同开发新产品。如图 1-6 所示，首先由外形设计师使用油泥、木模或泡沫塑料做出产品的比例模型，从审美角度评价并确定产品的外形，然后通过逆向工程技术将其转化为 CAD 模型，这不仅可以充分利用 CAD 技术的优势，还大大加快了创新设计的实现过程。因此，逆向工程技术在航空业、汽车业、家用电器制造业以及玩具制造等行业都得到不同程度的应用和推广。

a) 油泥模型　　　　　　　　　b) CAD 模型

图 1-6　奥迪轿车挡泥板基于油泥模型的逆向设计

（2）产品的仿制和改型设计　在只有实物而缺乏相关技术资料（图样或 CAD 模型）的情况下，利用逆向工程技术进行数据测量和数据处理，重建与实物相符的 CAD 模型，并在此基础上进行后续的工作，如模型修改、零件设计、有限元分析、误差分析、数控加工指令生成等，最终实现产品的仿制和改进。该方法可广泛应用于摩托车、家用电器、玩具等产品外形的修复、改造和创新设计，提高产品的市场竞争能力。轿车的仿制和改型设计如图 1-7 所示。

图 1-7　轿车的仿制和改型设计

（3）快速模具制造　逆向工程技术在快速模具制造中的应用主要体现在三个方面：一是以样本模具为对象，对已符合要求的模具进行测量，重建其 CAD 模型，并在此基础上生成模具加工程序；二是以实物零件为对象，首先将实物数据转化为 CAD 模型，再在此基础上进行模具设计；三是建立或修改在制造过程中变更过的模具设计模型，如破损模具的制程控制与快速修补。图 1-8 所示为阀体零件的快速模具制造。

（4）3D 打印　由于综合了机械、CAD、数控、激光以及材料科学等各种技术，3D 打印已成为新产品开发、设计和生产的有效手段，其制作过程是在 CAD 模型的直接驱动下进行的。逆向工程技术恰好可为其提供上游的 CAD 模型。两者相结合组成产品测量、建模、制造、再测量的闭环系统，可实现产品的快速开发。叶轮的 3D 打印快速开发模型如图 1-9 所示。

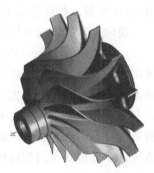

图 1-8　阀体零件的快速模具制造　　　　　　图 1-9　叶轮 3D 打印模型

（5）产品的数字化检测　这是逆向工程技术比较有发展潜力的应用方向。对加工后的零部件进行扫描测量，获得产品实物的数字化模型，并将该模型与原始设计的几何模型在计算机上进行数据比较，可以有效地检测制造误差，提高检测精度，如图 1-10 所示。

（6）医学领域断层扫描　先进的医学断层扫描仪器，如 CT、MRI（核磁共振）数据等能够为医学研究与诊断提供高质量的断层扫描信息，利用逆向工程技术将断层扫描信息转化为 CAD 数字模型后，即可为后期假体或组织器官的设计和制作、手术辅助、力学分析等提供参考数据。在反求人体器官 CAD 模型的基础上，利用 3D 打印技术可以快速、准确地制作硬组织器官替代物，并体外构建软组织或器官应用的三维骨架以及器官模型，为组织工程进入定制阶段奠定基础，同时也为疾病医治提供辅助手段。基于断层扫描制成的人头骨模型如图 1-11 所示。

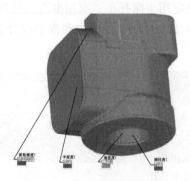

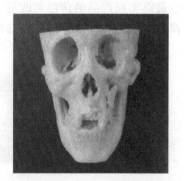

图 1-10　产品制造误差的检测　　　　　　　　图 1-11　人头骨模型

（7）服装、头盔等的定制化设计制作　根据个人形体的差异，采用先进的扫描设备和曲面重构软件，快速建立人体的数字化模型，从而设计制作出头盔、鞋、服装等的定制化产品，使人们在互联网上就能定制自己所需的产品。尤其在航空航天领域，宇航服装的制作要求非常高，需要根据不同体形特制（图 1-12）。逆向工程中参数化特征建模为实现头盔和衣服的批量制作提供了新思路。

（8）艺术品、文物的复制与博物馆藏品、古建筑的数字化 应用逆向工程技术，可以对艺术品、文物等进行复制，也可将文物、古建筑数字化，生成数字模型库，这样不但可降低文物的保护成本，还可用于复制和修复，实现保护与开发并举，如图1-13所示。

图 1-12 宇航服装   图 1-13 文物复原

（9）影视作品角色、场景、道具等三维虚拟物体的设计和创建 随着计算机技术的发展，影视作品的数字化程度日益提高，逆向工程中的三维扫描技术也广泛应用于影视领域。在影视作品的角色创建过程中，逆向工程技术主要应用在数字替身和精细模型创建两方面。通过三维扫描仪对地形、地貌、建筑等场景进行复制和创建，为影视场景的拍摄和搭建节省了资金、提高了效率。对于具有真实历史形态的道具创作可通过三维扫描结合3D打印等技术，实现其原型还原，如对兵器、装饰品、室内摆件等进行扫描和还原制作，从而获得与原型一模一样的逼真道具。例如，《侏罗纪公园》《玩具总动员》《泰坦尼克号》《蝙蝠侠Ⅱ》等影视作品中那些令人震撼、叹为观止的特技效果，都有逆向工程技术的参与；这些作品中的恐龙、玩偶形象、超现实场景等，都采用了三维扫描技术，如图1-14所示。

图 1-14 恐龙和玩偶形象造型

✦ 项目训练与考核

1. 项目训练

小组内互问互答：什么是逆向工程？逆向工程技术在工业、医学领域的运用有哪些？它的工作流程是什么？

2. 项目考核卡（表 1-1）

表 1-1 逆向工程技术概述项目考核卡

考核项目	考核内容	参考分值/分	考核结果	考核人
素质目标考核	遵守规则	5		
	课堂互动	5		
	团结合作	10		
	理解创新	5		
知识目标考核	逆向工程的概念	10		
	逆向工程的工艺路线	10		
	逆向工程的工作流程	10		
	逆向工程技术的应用领域	5		
能力目标考核	逆向工程工艺路线的制订	10		
	举例说明什么是逆向工程	15		
	举例说明逆向工程技术在某一创新领域中的应用	15		
	总计	100		

项目小结

逆向工程作为一门新兴技术已经越来越多地应用于工业、医学等领域，本项目主要围绕逆向工程的基本知识展开，帮助学生了解逆向工程技术的常识性问题，主要包含以下内容：

1）详尽介绍了逆向工程的概念：通过各种测量手段及三维几何建模方法，将原有实物转化为三维数字模型，并对模型进行优化设计、分析和加工的过程。强调了逆向工程技术与传统设计技术的联系与区别：传统设计和制造是从图样到零件（产品）；逆向工程的设计是从零件（或原型）到图样，再经过制造过程到零件（产品）。逆向工程技术不是简单地将原有物体还原，它是在还原的基础上进行二次创新，已广泛应用于工业领域，并取得了重大的经济和社会效益。

2）介绍了逆向工程的工艺路线：使用三维数字化测量仪器测量轮廓坐标值，建构曲面，编辑、修改后转至 CAD/CAM 系统，制作模型。

3）介绍了逆向工程的工作流程：数据扫描、数据处理、三维模型重构、模型制造。

4）逆向工程技术的应用领域：汽车、航空、医学、影视等。

思考题

1-1　什么是逆向工程？它与传统设计相比有何区别与联系？

1-2　简述逆向工程开发产品的工艺路线。

1-3　简述逆向工程的工作流程。

1-4　简述逆向工程技术的应用领域。

项目二　三维扫描与数据处理

项目名称	三维扫描与数据处理	
教学目标	1. 了解数据采集的方法 2. 掌握扫描前的准备工作、扫描规划、扫描流程 3. 掌握 HandySCAN 3D 手持式三维激光扫描仪的使用方法	
教学重点	1. 扫描前的准备工作、扫描规划、扫描流程 2. HandySCAN 3D 手持式三维激光扫描仪的使用	
工作任务名称	主要教学内容	
	知识点	技能点
任务一　三维扫描技术认知	1. 数据采集方法的分类 2. 各种数据采集方法的比较	1. 了解数据采集方法的分类 2. 掌握各种采集方法的优缺点
任务二　焊枪外形的三维扫描	HandySCAN 3D 手持式三维激光扫描仪简介、硬件介绍、典型工作流程、扫描前的准备工作	能够使用 HandySCAN 3D 手持式三维激光扫描仪测量焊枪外形
任务三　焊枪外形的三角网格结构数据处理	1. 启动 VXelements 软件 2. VXmodel 软件模块	1. 熟练掌握 VXelements 软件各操作命令 2. 学会焊枪外形三角网格结构的数据处理
教学资源	教材、视频、课件、设备、现场、课程网站等	
教学(活动)组织建议	1. 教师讲授数据采集的方法、扫描前的准备工作、扫描规划、扫描流程 2. 教师示范使用 HandySCAN 3D 手持式三维激光扫描仪扫描焊枪外形,学生观看 3. 学生分组使用 HandySCAN 3D 手持式三维激光扫描仪扫描焊枪外形,教师指导 4. 教师总结	
教学方法建议	引导启发、示范演示、案例教学、分组实践等	
考核方法建议	要求每个学生均获得焊枪外形三维数据,并对获取的三维数据进行三角网格结构的数据处理。根据学生的完成情况、学习态度及职业素养,对学生进行现场评价	

任务一 三维扫描技术认知

【任务描述】

如果想获取轿车外形的三维数据，请问：采用哪种数据采集方法既高效，又能保证轿车外形数据的精度？

【相关知识】

三维扫描技术就是使用三维扫描仪扫描实物表面的三维数据技术，得到的大量三维数据集合称为点云数据，点云数据经过后处理即可进行三维检测与逆向设计。

因此，三维扫描是逆向工程的基础，采集数据的质量直接影响最终模型的质量，也直接影响整个工程的效率和质量。在实际应用中，常常因为扫描数据的质量问题而影响重构模型的质量。高效、高精度地实现样件表面的数据采集，是逆向工程实现的基础和关键技术之一，是逆向工程中最基本、最不可缺少的步骤。

一、数据采集方法的分类

目前，用来采集物体表面数据的测量设备和方法多种多样，其原理也各不相同。不同的数据采集方法，不但影响测量本身的精度、速度和经济性，还使得测量数据类型和后续处理方式不尽相同。

根据测头是否接触物体表面，数据的采集方法可以分为接触式数据测量和非接触式数据测量两大类，如图 2-1 所示。接触式测量根据测头原理的不同，可分为基于力的变形原理的触发式和连续式。触发式测量主要适用于型面比较规则，或自由曲面不太多且不太复杂的物体的数据采集；连续式测量主要适用于复杂的曲线、曲面和齿形状物体的数据采集。非接触式测量按其原理不同，分为光学式和非光学式，其中，光学式测量包括激光三角法、结构光法、激光干涉法、激光衍射法等。

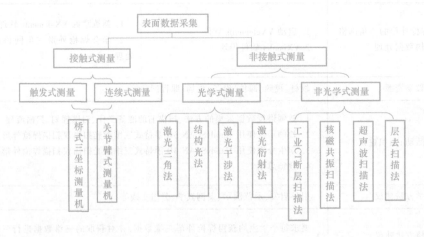

图 2-1 数据采集方法的分类

1. 接触式测量法

接触式三维数据测量设备，利用测头与被测量物体的接触，产生触发信号，并通过相应的设备记录下当时的标定传感器数值，从而获得三维数据信息。在接触式测量设备中，三坐标测量机（CMM）是应用最为广泛的一种测量设备，它主要分为桥式和关节臂式。

（1）桥式三坐标测量机　随着工业现代化进程的发展，以及众多制造业，如汽车、电子、航空航天、机床及模具工业的蓬勃兴起和大规模生产的需要，行业与企业对零部件互换性的要求越来越高，并对尺寸、位置和形状提出了更为严格的公差要求；除此之外，在要求加工设备提高工效、自动化更强的基础上，还要求计量检测手段更加高速化、柔性化与通用化。显然，传统的检测模式已不能满足现代柔性制造和更多复杂形状工件测量的需求，作为现代测量工具的典型代表，在接触式测量方法中，桥式三坐标测量机是应用最为广泛的一种测量设备。它以高精度（达到微米级）、高效率（数十、数百倍于传统测量手段）、多用性（可代替多种长度计量仪器）、重复性好等特点，在全球范围内快速崛起并得到了迅猛发展。

桥式三坐标测量机是一种以精密机械为基础，综合数控、电子、计算机和传感等先进技术的高精度、高效率、多功能的测量仪器。该测量系统由硬件系统和软件系统组成。其中，硬件系统可分为主机、测头、电气系统三大部分，如图 2-2 所示。

在工业生产的应用过程中，桥式三坐标测量机可达到很高的测量精度（±0.5μm），对物体边界和特征点的测量相对精确，对于没有复杂内部型腔、特征几何尺寸多、只有少量特征曲面的规则零件进行检测特别有效。但在测量过程中，因与被测件接触，会存在测量力，所以对被测物体表面材质有一定要求；而且也存在需进行测头半径补偿、对使用环境要求较高、测量过程比较依赖于测量者的经验等不足，特别是对于几何模型未知的复杂产品，难以确定最优的采样策略与路径。

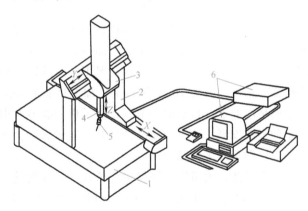

图 2-2　桥式三坐标测量机
1—工作台　2—移动桥架　3—中央滑架
4—Z 轴　5—测头　6—电气系统

基于桥式三坐标测量机的上述特点，它多用于产品测绘、型面检测、工夹具测量等，同时在设计、生产过程控制和模具制造方面也发挥着越来越重要的作用，在汽车工业、航空航天、机床工具、国防军工、电子和模具等领域得到广泛应用。

（2）关节臂式测量机　关节臂式测量机是三坐标测量机的一种特殊机型，其最早出现于 1973 年，是由 Romer 公司设计制造的。它是一种仿照人体关节结构，以角度为基准，几根固定长度的臂通过绕互相垂直的轴线转动的关节互相连接，并在最末转轴上装有探测系统的坐标测量装置。其工作原理主要是：设备在空间旋转时，同时从多个角度编码器获取角度数据，而设备臂长为一定值，这样计算机就可以根据三角函数换算出测头当前的位置，从而转化为 X、Y、Z 的坐标形式。

如今，国际上著名的关节臂式测量机生产公司有美国的 CimCore 公司、法国的 Romer 公司以及美国的 FARO 公司，这些公司的多款高质量产品已经在我国乃至全球市场占据了极高的市场份额。另外，意大利的 COORD3 公司、德国的 ZETT MESS 公司等均研制了多种型号的关节臂式测量机，用在各种规则和不规则的小型零件、箱体和汽车车身、飞机机翼和机身等的检测和逆向工程中，显示了其强大的生命力。国外公司生产的关节臂式测量机如图 2-3 所示。

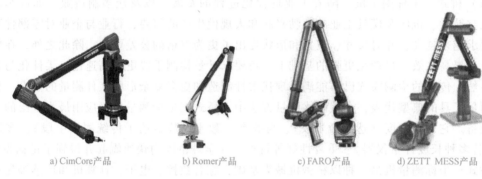

a) CimCore产品   b) Romer产品   c) FARO产品   d) ZETT MESS产品

图 2-3　国外公司生产的关节臂式测量机

与传统的三坐标测量机相比，关节臂式测量机具有轻巧便捷、功能强大、测量灵活、环境适应性强、测量范围较广等特点，如今，它已被广泛地应用于航空航天、汽车制造、重型机械、轨道交通、零部件加工、产品检具制造等多个行业。但其关节数目越多会导致测头末端的累积误差越大，所以，通常情况下，关节臂式测量机的精度比传统的三坐标测量机精度要略低，精度一般为 $10\mu m$ 级以上，加上只能手动操作，选用时需注意应用场合。为了满足测量的精度要求，目前的关节臂式测量机一般为自由度不大于 7 的手动测量机。随着 30 多年来的不断发展，该类产品已经具有三坐标测量、在线检测、逆向工程、快速成型、扫描检测、弯管测量等多种功能。

综上所述，关节臂式测量机与桥式三坐标测量机最大的不同点是，它可选配多种多样的测头，常用的有：①接触式测头，可用于常规尺寸检测和点云数据的采集；②激光扫描测头，可实现密集点云数据的采集，用于逆向工程和 CAD 对比检测；③红外线弯管测头，可实现弯管参数的检测，从而修正弯管机执行参数等。

总体而言，接触式测量具有如下特点。

接触式测量的优点：

1）精度高。接触式测量已经有几十年的发展历史，技术已经相对成熟，机械结构稳定，因此测量数据准确。

2）被测物体表面的颜色、外形对测量均没有重要影响，并且触发时死角较小，对光强没有要求。

3）可直接测量圆、圆柱、圆锥、圆槽、球等几何特征，数据可输出到造型软件中进行后期处理。

4）配合检测软件，可直接对几何尺寸和几何公差进行评价。

接触式测量的缺点：

1）测量速度较慢。由于采用逐点测量，大型零件的测量时间较长。

2）测头与被测物体接触会有磨损，需要定期校准或更换测头。

3）测量时需要有夹具和定位基准，有些特殊零件需要专门设计夹具固定。

4）需要对测头进行补偿。测量时得到的不是接触点的坐标值而是测头球心的坐标值，因此需要通过软件进行补偿，会有一定的误差。

5）在测量橡胶制品、油泥模型之类的产品时，测力会使被测物体表面发生变形而产生测量误差，另外对被测物体本身也有损害。

6）测头触发的延迟及惯性，会给测量带来误差。

2．非接触式光学测量

非接触式测量由于其高效性和广泛的适应性特点，并且克服了接触式测量的一些缺点，在逆向工程领域的应用和研究日益广泛。非接触式扫描设备是利用某种可与物体表面发生相互作用的物理介质，如光、声和电磁等，来获取物体表面三维坐标信息的。其中，以基于光学原理发展起来的测量方法应用最为广泛，如激光三角法、结构光法等。因为其测量迅速，并且不与被测物体接触，所以具有能测量柔软质地物体等优点，越来越受到人们的重视。

（1）激光三角法   激光三角法是目前最成熟，也是应用最广泛的一种主动式测量方法。激光三角法测量原理如图 2-4 所示。由激光源发出的光束，经过由一组可改变方向的反射镜组成的扫描装置变向后，投射到被测物体上。CCD 相机固定在某个视点上观察物体表面的漫射点，图 2-4 中激光束的方向角及 CCD 相机与反射镜间的基线位置是已知的，β 可由焦距 f 和成像点的位置确定。因此，根据光源、物体表面反射点及 CCD 相机成像点之间的三角关系，可以计算出表面反射点的三维坐标。激光三角法的原理与立体视觉在本质上是一样的，不同之处是将立体视觉方法中的一个"眼睛"置换为光源，而且在物体空间中通过点、线或栅格形式的特定光源来标记特定的点，可以避免立体视觉中对应点匹配的问题。加拿大Creaform 公司的 HandySCAN 系列扫描仪是这种方法的典型代表。

（2）结构光法   结构光三维扫描是集结构光技术、相位测量技术、计算机视觉技术于一体的复合三维非接触式测量技术。结构光扫描原理采用的是照相式三维扫描技术，是一种结合相位和立体视觉的技术，在物体表面投射光栅，用两台 CCD 相机拍摄发生畸变的光栅图像，利用编码光和相移方法获得左右 CCD相机拍摄的图像上每一点的相位。利用相位和外极线实现两幅图像上的点的匹配技术，计算点的三维空间坐标，以实现物体表面三维轮廓的测量。结构光测量原理如图 2-5 所示。

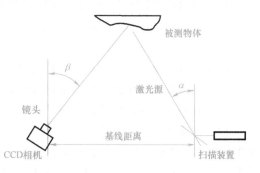

图 2-4   激光三角法测量原理

基于结构光法的扫描设备是目前测量速度和精度最高的扫描测量系统，特别是分区测量技术的进步，使光栅投影测量的范围不断扩大，成为目前逆向测量领域中使用最广泛和最成熟的测量系统。在国内，北京天远三维科技有限公司和清华大学合作、上海数造机电科技有限公司和上海交通大学合作、苏州西博三维科技有限公司与西安交通大学模具与先进成形技术研究所合作，已成功研制出具有国际先进水平、拥有自主知识产权的照相式三维扫描系统。

总体而言，非接触式光学测量具有如下特点。

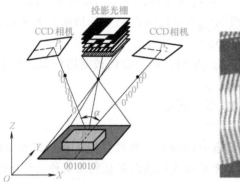
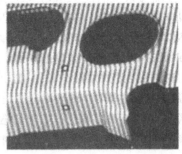

图 2-5　结构光测量原理

非接触式光学测量的优点：

1）不需要进行测头半径补偿。

2）测量速度快，不需要逐点测量；测量面积大，数据较为完整。

3）可以直接测量材质较软以及不适合直接接触测量的物体，如橡胶、纸制品、工艺品、文物等。

非接触式光学测量的缺点：

1）大多数非接触式光学测头都是靠被测物体表面对光的反射接收数据的，因此对被测物体表面的反光程度、颜色等有较高要求，被测物体表面的明暗程度会影响测量的精度。

2）测量精度一般，特别是相对于接触式测头的测量数据而言。

3）对于一些细节位置，如边界、缝隙、曲率变化较大的曲面，容易丢失数据。

4）陡峭面不易测量，激光无法照射到的地方无法测量。

5）易受环境光线及杂散光影响，故噪声较高，且噪声信号的处理比较困难。

3. 非接触式非光学测量

目前，采集断层数据在实物外形的测量中呈增长趋势。断层数据的采集方法分为非破坏性测量法和破坏性测量法两种。非破坏性测量法主要有工业 CT 断层扫描法、核磁共振扫描法、超声波扫描法等，破坏性测量法主要指层去扫描法。

（1）工业 CT 断层扫描法　工业 CT 断层扫描法是对被测物体进行断层截面扫描。基于 X 射线的 CT 扫描以测量物体对 X 射线的衰减系数为基础，用数学方法经过计算机处理而重建断层图像。这种方法最早用于医学上，现已用于工业领域，形成工业 CT（ICT），特别是用于中空物体的无损检测。这种方法是目前最先进的非接触测量方法，可以测量物体表面、内部和隐藏结构特征；但是它的空间分辨率较低，获得数据需要较长的采集时间，且重建图像的计算量大，造价高。

目前，工业 CT 已在航空航天、军事工业、核能、石油、电子、机械、考古等领域广泛应用。我国从 20 世纪 80 年代初期开始研究 CT 技术，清华大学、重庆大学、中国科学院高能物理研究所等单位已陆续研制出 γ 射线源工业 CT 装置，并进行了一些实际应用。

（2）核磁共振扫描法　核磁共振扫描法（MRI）的理论基础是核物理学的磁共振理论，是 20 世纪 70 年代末发展的十种新式医疗诊断影像技术之一，和 X-CT 扫描一样，可以提供人体断层的影像。核磁共振成像自 20 世纪 80 年代初临床应用以来，发展迅速，并且还在蓬勃发展中。其基本原理是，用磁场来标定人体某层面的空间位置，然后用射频脉冲序列照射，当被激发的核在动态过程中自动恢复到静态场的平衡时，把吸收的能量发射出来，然后利用线圈来检测这种信号。将信号输入计算机，经过处理转换，可在屏幕上显示图像。它能深入物体内部且不破坏物体，对生物没有损害，在医疗领域具有广泛应用。但这种方法造价高，空间分辨率不及 CT，且目前对非生物材料不适用。

（3）超声波扫描法　超声波扫描法的原理是，当超声波脉冲到达被测物体时，在被测物体的两种介质边界表面会发生回波反射，通过测量回波与零点脉冲的时间间隔，即可计算出各面到零点的距离。这种方法相对 CT 测量和 MRI 测量而言，设备简单，成本较低；但测量速度较慢，且测量精度不稳定。目前主要用于物体的无损检测和壁厚测量。

（4）层去扫描法　以上三种方法为非破坏性测量方法，其设备造价比较昂贵，近年来发展起来的层去扫描法相对成本较低。该方法用于测量物体截面轮廓的几何尺寸，其工作过程如下：将被测物体用专用树脂材料（填充石墨粉或颜料）完全封装，待树脂固化后，把它装夹到铣床上，进行微进给量平面铣削，得到包含有被测物体与树脂材料的截面；然后由数控铣床控制工作台将其移动到 CCD 相机下，位置传感器向计算机发出信号，计算机收到信号后，触发图像采集系统驱动 CCD 相机对当前截面进行采样、量化，从而得到三维离散数字图像。由于封装材料与被测物体截面存在明显边界，利用滤波、边缘提取、纹理分析、二值化等数字图像处理技术进行边界轮廓提取，就能得到边界轮廓图像。通过物像坐标关系的标定，并对此轮廓图像进行边界跟踪，便可获得被测物体该截面上各轮廓点的坐标值。每次图像摄取与处理完成后，使用数控铣床把被测物体铣去很薄一层（如 0.1mm），又得到一个新的横截面，继续完成前述的操作过程，如此循环就可以得到物体上相邻很小距离的每一截面轮廓的位置坐标。层去扫描法可对具有孔及内腔的物体进行测量，其优点是测量精度高，数据完整；不足之处是这种测量是破坏性的。美国 CGI 公司已生产出层去扫描测量机。在国内，海信研究发展中心的工业设计中心和西安交通大学合作，已研制成功具有国际领先水平的层析式三维数字化测量机（CMS 系列）。

总体而言，非接触式非光学测量具有如下特点。

非接触式非光学测量的优点：

1）对被测物体没有形状限制。

2）对被测物体没有材料限制。

非接触式非光学测量的缺点：

1）测量精度较低，如工业 CT 断层扫描法和超声波扫描法的测量精度为 1mm。

2）测量速度较慢。

3）测量成本高。

二、各种数据采集方法的比较

实物样件表面的数据采集，是逆向工程实现的基础。从国内外的研究来看，研制高精度、多功能和快速的测量系统是目前数据扫描的研究重点。从应用情况来看，光学测量设备在精度与测量速度方面越来越具有优势，使光学式测量得到了更为广泛的应用。

常用测量方法的性能比较见表 2-1。

表 2-1　常用测量方法的性能比较

测量方法	测量精度	测量速度	测量成本	有无材料限制	有无形状限制
三坐标法	$0.6 \sim 30 \mu m$	慢	高	有	有
激光三角法	$\pm 5 \mu m$	一般	较高	无	有
结构光法	$\pm (1 \sim 3) \mu m$	快	一般	无	有
工业 CT 断层扫描法	1mm	较慢	高	无	无
超声波扫描法	1mm	较慢	较低	无	无
层去扫描法	$25 \mu m$	较慢	较低	无	无

从表 2-1 可以看出，各种数据采集方法都有一定的局限性。对于逆向工程而言，数据采集的方式应满足以下要求：

1）测量精度应满足实际的需要。

2）测量速度快，尽量减少测量在整个逆向工程过程中所占用的时间。

3）数据扫描要完整，以减少数模重构时由于数据缺失带来的误差。

4）数据扫描过程中尽量不破坏原型。

5）尽量降低数据扫描成本。

因此，应根据扫描样件的实际情况，选择合适的测量方式，或者同时采用不同的测量方法进行互补，以得到精度高并且完整的扫描数据。例如，对自由曲面形状物体的数据扫描一般采用非接触式光学测量的方法，对规则形状物体的数据扫描一般用接触式测量的方法。如果被测物体除不规则形状外，还有许多规则的细节特征，则用接触式和非接触式扫描的组合方法。如图 2-6 所示的箱体零件，外形和型腔不规则，但具有许多凸台、孔等规则特征。如果仅用非接触式的光学测量方法，孔的边缘数据不够准确，会影响拟合后孔的位置，而这些孔是固定螺钉的配合孔，其位置很重要，因此用接触式测量方法来测定这些孔的相对位置关系更为合适。

图 2-6　箱体

任务二　焊枪外形的三维扫描

【任务描述】

采用 HandySCAN 3D 手持式三维激光扫描仪对焊枪外形进行扫描，请问：如何获取其三维数据？

【相关知识】

一、HandySCAN 3D 手持式三维激光扫描仪简介

作为三维数字技术革新的领航者，形创（上海）贸易公司推出的 HandySCAN 3D 系列手持式自定位三维激光扫描仪如图 2-7 所示，该产品使得三维数字化扫描技术上升到一个新

的高度，能够完成各个应用领域的数字化扫描任务，如物体的尺寸大小及型面三维检测等。该系统具备以下先进的技术特点：

1）目标点自动定位，无需臂或其他跟踪设备。

2）即插即用，可快速安装及使用。

3）自动生成 STL 三角网格面，STL 格式可快速处理数据。

4）配置高分辨率的 CCD 系统，两个摄像机、两个十字激光发射器和 1 个单线激光发射器，扫描更清晰和精确。

5）数据无分层，自动生成模型的三维网格面数据。

6）手持扫描，方便携带，只有 940g。

7）11 束十字交叉蓝色激光线和 1 束直线激光线，扫描速度快，可达到 130 万次/s。

8）可执行内、外扫描，无局限，也可多台扫描仪同时扫描，所有的数据都在同一个坐标系中。

图 2-7　HandySCAN 3D 系列手持式自定位三维激光扫描仪

9）可控制扫描文件的大小，根据细节需求，组合扫描不同的部位。

10）操作简单，操作者 1 天即可掌握。

11）可在狭窄的空间内扫描，物体的运动不受限制。如飞机驾驶舱、汽车内部仪表板等的扫描。

12）快速校准，10s 即可完成。

HandySCAN 3D 系列产品成熟可靠，是受专利保护的计量级 3D 扫描仪。采用高效可靠的方式，可随时随地对物理对象进行精确的 3D 测量，经过优化，旨在满足设计、制造以及计量专业人士的需求。

HandySCAN 3D 系列扫描仪便携、精确、易用，快速测量的同时也可采集高质量的测量数据。其运行不受环境变化或部件移动的影响，因而成为质量保证和产品开发应用的理想工具。以 HandySCAN BLACK Elite 扫描仪为例，其设备参数见表 2-2。

表 2-2　HandySCAN BLACK Elite 设备参数

项　　目	参　　　　数
重量	0.94kg
尺寸	79mm×142mm×288mm
测量速率	130 万次/s
扫描区域	310mm×350mm
光源	11 对十字交叉蓝色激光线和 1 束直线激光线
激光类别	Ⅱ（人眼安全）
精度	优于 0.025mm
分辨率	0.1mm
体积精度	(0.020+0.040)mm/m
体积精度（结合 MaxSHOT 3D）	(0.020+0.015)mm/m
基准距	300mm

（续）

项　　目	参　　数
景深	250mm
部件尺寸范围（建议）	0.1～4m
软件	VXelements
输出格式	.dae、.fbx、.ma、.obj、.ply、.stl.txt、.wrl、.x3d、.x3dz、.zpr、.3mf
兼容软件	3D Systems（Geomagic® Solutions）、InnovMetric Software（PolyWorks）、Dassault Systèmes（CATIA V5 和 SolidWorks）、PTC（Pro/Engineer）、Siemens（NX 和 Solid Edge）、Autodesk（Inventor、Alias、3ds Max、Maya、Softimage）
连接标准	USB 3.0
推荐操作温度范围	5～40℃
推荐操作湿度范围（非冷凝）	10%～90%

二、HandySCAN 3D 手持式三维激光扫描仪硬件介绍

HandySCAN 3D 手持式三维激光扫描仪硬件部分包含主机、校准板、USB3.0 电缆、USB 密钥、电源适配器和四盒定位点，如图 2-8 所示。

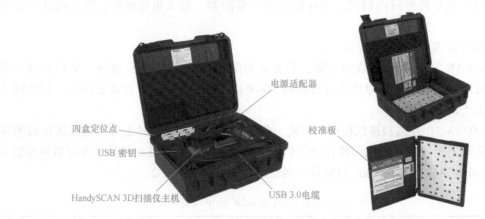

图 2-8　HandySCAN 3D 手持式三维激光扫描仪硬件介绍

三、三维扫描的典型工作流程

HandySCAN 3D 手持式三维激光扫描仪的典型工作流程如图 2-9 所示。

E2-1　微课 2-1

四、扫描前的准备工作

1. 表面处理

被测物体表面的材质、色彩及反光透光等情况可能对测量结果有一定的影响，而被测物体表面的灰尘、切屑等更会带来测量数据的噪声，造成点云数据质量不佳。因此首先要对扫描件进行清洗，对黑色锈蚀表面、透明表面、反光面做表面处理。

物体最适合进行三维光学扫描的理想表面状况是亚光白色，因此通常采用的表面处理方法是在物体表面喷一薄层白色物质。根据被测物体的要求不同，选用的喷涂物也不同。对于

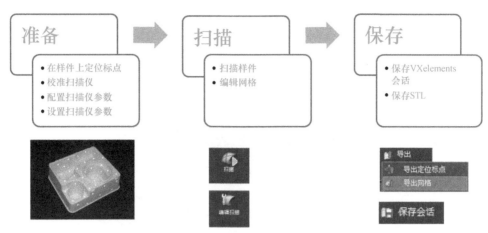

图 2-9 HandySCAN 3D 手持式三维激光扫描仪的典型工作流程

一些不需要清除喷涂物的被测物体，一般可以选择白色的亚光漆、白色显像剂等。而对于需要清除喷涂物的被测物体，只能使用白色显像剂，如图 2-10 所示，以便测量完成后容易去除，还物体以本来面目。但如果使用 HandySCAN BLACK 系列扫描仪，可以不对物体做表面处理，直接扫描。

物体表面喷涂时应注意以下几点：

1）不要喷涂太厚，只要均匀喷涂薄薄一层就行，否则会带来表面处理误差。

2）对于贵重物体，最好先试喷一小块，以确认不会对表面造成破坏。

2. 贴标记点或目标点

对一些较小的物体进行扫描时，可以不在样件上贴标记点，而把标记点贴在工件的周围，如图 2-11 所示。但是要确保在扫描的过程中，环境中的标记点和物体的相对位置保持不变。

图 2-10 显像剂

图 2-11 小样件扫描标记点

对一些大型物体（如汽车零部件）进行扫描时，则需要在样件上贴标记点，以便快速地过渡，完成扫描，如图 2-12 所示。标记点的作用在于定位。

在贴标记点时应当注意以下几点：

1）目标点之间的距离在 20~100mm 之间。

2）平坦区域需要的目标点较少。

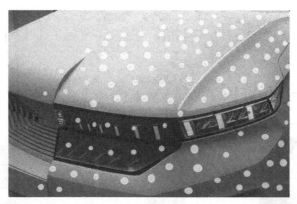

图 2-12　大样件扫描标记点

3）弯曲区域需要的目标点较多。

4）目标点不要添加过多，添加容易，删除困难。

贴标记点时应避免的情况如图 2-13 所示。

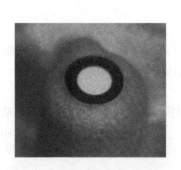

a) 避免在曲率较高的表面上添加标记点

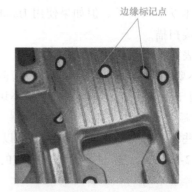

b) 避免靠近边缘添加标记点

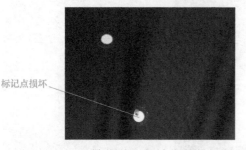

c) 避免使用损坏或不完整的标记点

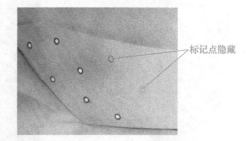

d) 避免使用油腻、多灰、脏污或隐藏的标记点

图 2-13　贴标记点时应避免的情况

3. 连接扫描仪系统

系统连接步骤如图 2-14 所示：

1）将电源插入插座（图 2-14a）。

2）将电源连接到 USB 电缆（图 2-14b）。

3）将 USB 电缆连接到计算机（图 2-14c）。

4）将 USB 电缆的其他末端连接到扫描仪（图 2-14d）。

5）启动 VXelements 软件（图 2-14e）。

图 2-14　系统连接步骤

4. 校准扫描仪

1）单击软件右边变色框内的"校准"图标，进入扫描仪校准界面，如图 2-15 所示，见彩色插页。扫描仪必须先指向校准板左边的条形码进行识别，即变色矩形框所示的位置，并应将蓝光（扫描仪的高度和方向）对齐到矩形框内。

2）在垂直方向上，由下往上均匀地测量 10 次，扫描仪在垂直于校准板的方向上调整不同高度，如图 2-16a 所示，见彩色插页。

3）在左右方向上，从左到右，测量两次，扫描仪的方向左右倾斜，如图 2-16b 所示，见彩色插页。

4）在前后方向，从前到后，测量两次，扫描仪的方向前后倾斜，如图 2-16c 所示，见彩色插页。

5）扫描仪校准好以后，会弹出确认对话框，如图 2-17 所示。

图 2-17　校准完成

5. 配置扫描仪

扫描仪的配置主要是根据待扫描表面的颜色和反光程度，配置快门的大小，如图 2-18 所示。软件默认的快门参数"0.15"ms，对于一般的白色、哑光表面都适用。但是随着颜色逐渐加深，对于甚至达到黑亮和高反光的表面，快门参数也要随之增加。

调节快门大小有两种方法：自动调节和手动调节。自动调节主要用于：当激光线完全作用在表面上时，将扫描仪的激光线平铺在表面上，直至"优化扫描仪参数"消息消失。手动调节主要用于：当待扫描样件对于激光线的整体长度而言过小，或者当样件为多色时。

快门自动调节界面如图 2-19 所示。自动调节快门模式的步骤如下：

1）单击"自动调整"按钮。

2）确保激光线能够完全平铺在要扫描的表面上。

3）确保激光线与样件表面垂直。

4）将扫描仪的激光线平铺在表面上，直至"优化扫描仪参数"消息消失。

5）单击"完成"按钮，然后单击"确定"退出该菜单。

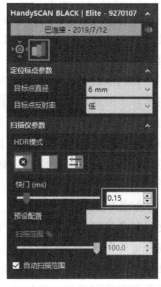

图 2-18　扫描仪配置

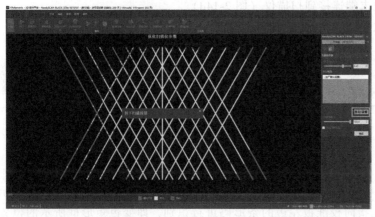

图 2-19 扫描仪配置图　　　　　　　　　　　　　E2-2 扫描仪配置图

当软件中激光线为红色时，说明曝光饱和；当激光线为黄色时，说明当前为最优的快门大小；当激光线基本看不到时，说明曝光不足，如图 2-20 所示，见彩色插页。

手动调节快门，只需手动调节界面中的滑块，如图 2-21 所示。

6. 设置扫描仪参数

扫描仪参数主要是指分辨率（也就是点间距），软件默认的是 1mm。点间距越小，分辨率越高；反之，分辨率越低。分辨率越低，数据采集速度越快。但分辨率低并不表示精确度低。

图 2-21 手动调节

平坦表面不需要高分辨率，因为它们的重构无需大量的小三角形。精细的表面需要高分辨率，因为它们的重构需要较多的小三角形。因此在扫描之前，应根据对细节要求的程度设置好相应的分辨率，分辨率与精度的关系如图 2-22 所示，见彩色插页。

7. 扫描时注意事项

1）如图 2-23 所示，HandySCAN 3D 扫描仪的基准距是 300mm，扫描的单幅区域为 310mm×350mm，扫描仪在工作的过程中必须要保持一个合适的距离才能达到高效的采集速率。

在扫描时，可以根据屏幕上显示的激光打在样件上的颜色来确定扫描仪和被扫描样件之间的距离，如图 2-24 所示，见彩色插页。根据扫描仪上部的 LED 灯颜色也同样能确定扫描仪与被扫描样件之间的距离，如图 2-25 所示，见彩色插页。

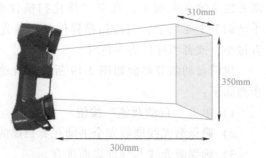

图 2-23 扫描仪的扫描区域和基准距

绿色代表最合适的距离，红色代表距离太近，蓝色代表距离太远。初学者可以据此来把握合适的距离，以便轻松快速地采集数据。如果扫描仪距离被扫描样件太近或太远，都将无法采集数据。当跟踪丢失时，需在已扫描表面前重新定位扫描仪或添加标记点。

　　2）扫描仪必须尽量与被扫描表面垂直，可以倾斜扫描，但是入射角越大，定位模型的精确度越低，如图 2-26 所示。

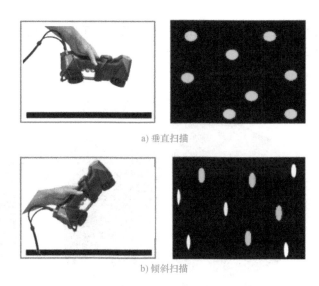

a) 垂直扫描

b) 倾斜扫描

图 2-26　扫描规则

【任务实施】

一、三维扫描流程

　　使用 HandySCAN 3D 手持式三维激光扫描仪对焊枪外形进行三维扫描时，其三维扫描流程如图 2-27 所示。

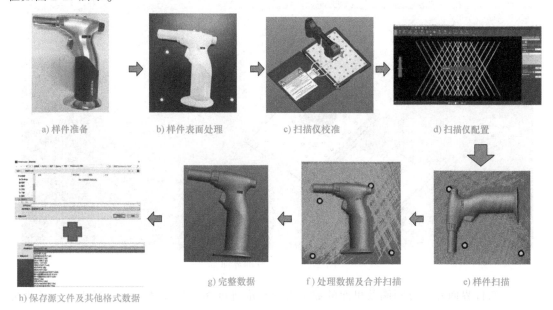

a) 样件准备　　　　b) 样件表面处理　　　　c) 扫描仪校准　　　　d) 扫描仪配置

h) 保存源文件及其他格式数据　　　g) 完整数据　　　f) 处理数据及合并扫描　　　e) 样件扫描

图 2-27　焊枪三维扫描流程

二、三维扫描步骤

1. 贴目标点

因为被扫描焊枪尺寸较小且不方便贴点，所以把经表面处理后的样件放置在贴有目标点的背景板上，如图 2-28 所示。

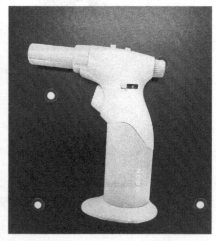

图 2-28　贴目标点

2. 校准扫描仪

1）单击软件中的"校准"图标，进行扫描仪校准。如前所述，在垂直方向上均匀地测量 10 次，在左右方向上测量两次，在前后方向上测量两次，如图 2-29 所示。

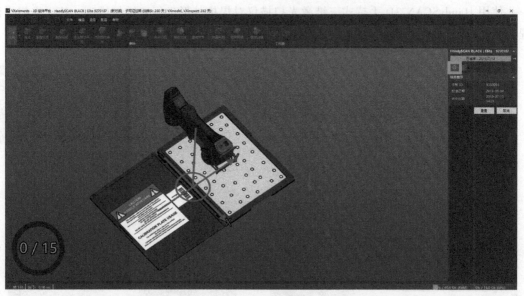

图 2-29　进入校准界面

2）软件界面左下方圆圈及里面的数字表示校准进度条，进度条变色完成表示其校准完成，如 2-30 所示。

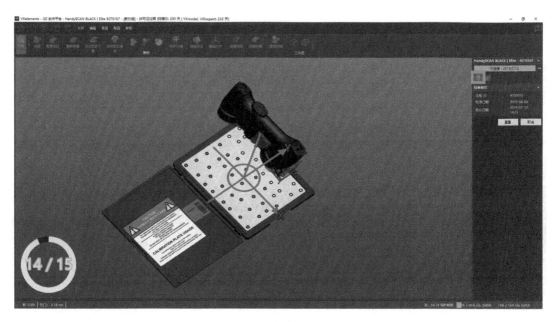

图 2-30　扫描仪校准进度

校准完成以后,软件会提示"校准完成",单击"是"按钮即可,如图 2-31 所示。

图 2-31　校准完成

3. 配置扫描仪

单击"自动调整"按钮,确保激光线能够完全平铺在要扫描的表面上,并确保扫描仪与样件表面垂直,将扫描仪的激光线平铺在表面上,直至"优化扫描仪参数"的消息消失,单击"完成"按钮,然后单击"确定"退出该菜单,如图 2-32 所示。

27

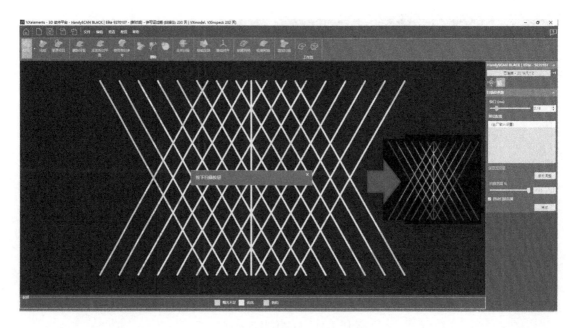

图 2-32　扫描仪配置

4. 扫描

扫描仪应始终与样件保持合适的距离，扫描仪距离被扫描样件太近或太远，则将无法采集数据。扫描仪必须尽量与被扫描表面垂直，可进行多角度的扫描，使两个摄像头都能够获取到同一束激光线的反射数据，扫描界面如图 2-33 所示。

E2-3　扫描界面

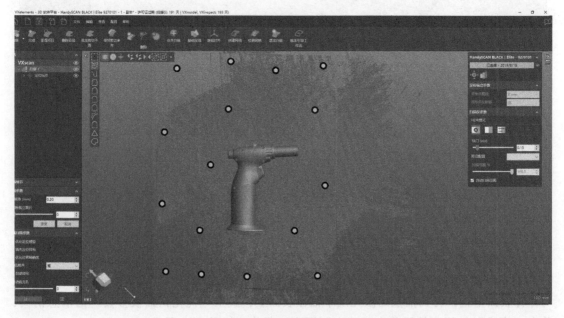

图 2-33　扫描界面

5. 编辑扫描

单击"删除背景"按钮，调节"改变补偿"参数，如图 2-34 中红色的
部分（见二维码 E2-4），单击"创建"。

E2-4　编辑扫描

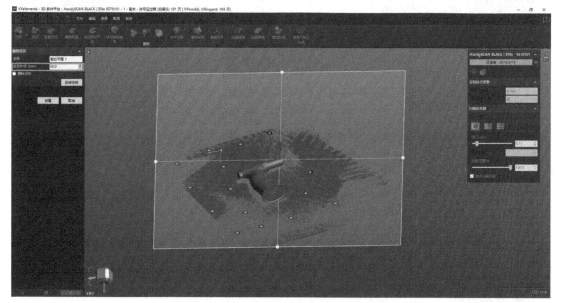

图 2-34　编辑扫描

单击"连接"按钮，按住〈Ctrl〉键，单击选择主体部分，如图 2-35 中变色的部分，
软件会自动将与主体相连的部位一起选中。

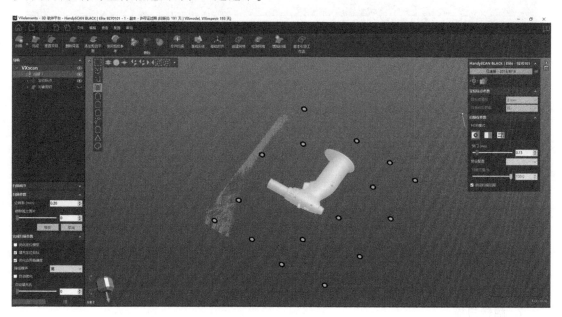

图 2-35　选择主体

单击"反选"功能按钮，除了主体部分，其他孤立的面片被选中，单击"删除"，系统会删除孤立点，如图 2-36 所示。

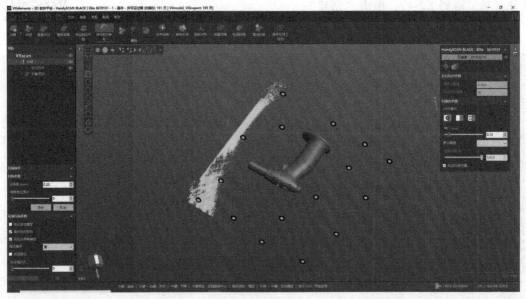

图 2-36 删除孤立点

6. 停止扫描

单击工具栏中的"完成"按钮，系统完成扫描，最终得到完整的一侧扫描数据，保存扫描源文件（.csf 文件），如图 2-37 所示。

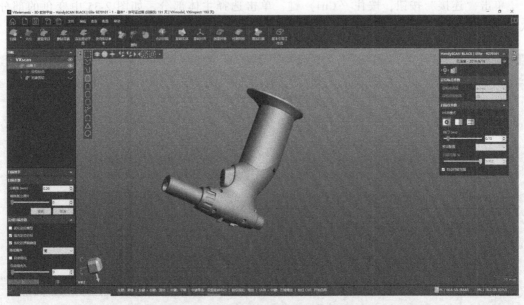

图 2-37 焊枪一侧的完整数据

7. 翻转扫描

翻转焊枪，单击"增加扫描"按钮，重复步骤 1~6，最终得到焊枪完整的另一侧扫描数据，保存扫描源文件（.csf 文件），如图 2-38 所示。

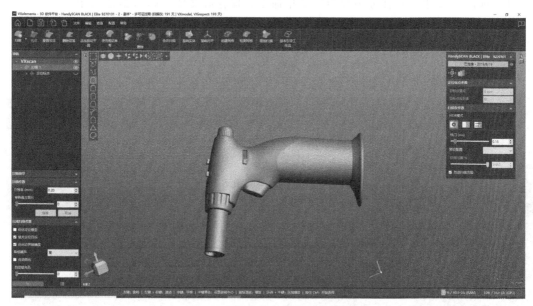

图 2-38　焊枪另一侧的完整数据

8. 合并扫描

单击工具栏中的"合并扫描"按钮，添加前后两次扫描的源文件，选择最佳拟合的方法，单击"准备对齐"按钮，如图 2-39 所示，见彩色插页。

根据提示，在扫描数据上至少选择 3 个点，然后选择同一位置上的 CAD 模型对应的点，单击"合并"按钮，如图 2-40 所示，见彩色插页。

单击"合并"按钮后，最终得到一个完整的焊枪.stl 数据模型，如图 2-41 所示。

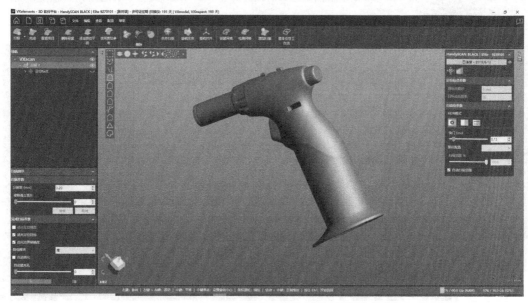

图 2-41　焊枪完整数据模型

9. 保存数据

1）选择"文件"→"任务另存为"菜单命令，保存源文件，如图 2-42 所示。

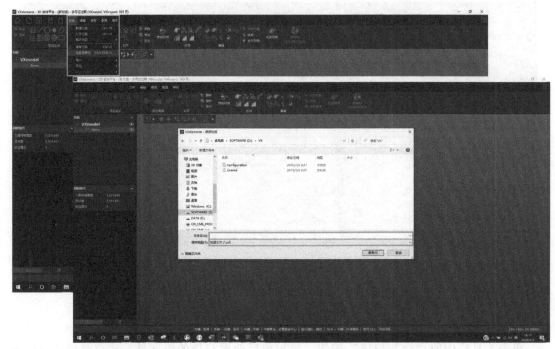

图 2-42　源文件保存

2）还可以保存成其他格式的文件，如 .stl、3D 点云等，如图 2-43 所示。

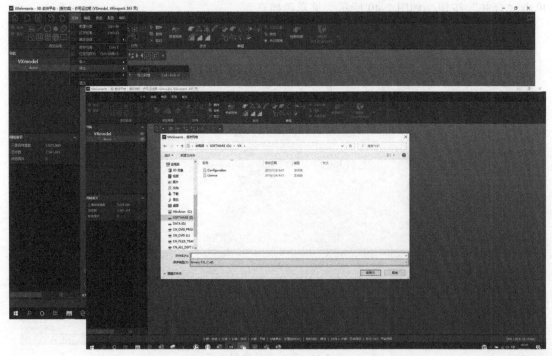

图 2-43　.stl 数据保存

任务三　焊枪外形的三角网格结构数据处理

【任务描述】

采用 HandySCAN 3D 手持式三维激光扫描仪对焊枪外形进行扫描，已获取其外形的点云数据，但点云数据存在一些孔洞缺陷，且数据网格表面不光顺。

请问：如何修复这些数据缺陷？

【相关知识】

一、启动 VXelements 软件

在桌面上双击快捷图标 VX ，启动 VXelements 应用程序；也可选择"开始"→"程序"→VXelements 命令，启动 VXelements 软件，其界面如图 2-44 所示。

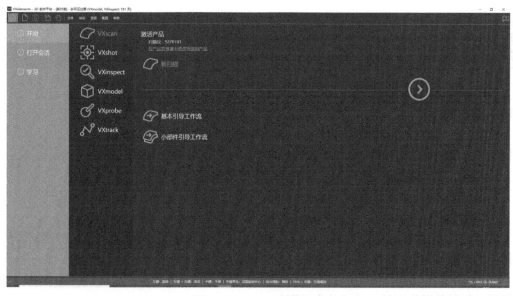

图 2-44　VXelements 界面

二、VXmodel 软件模块

单击图 2-44 中的 VXmodel 模块，找到任务二中扫描保存的 .stl 数据，加载进入 VX-model 模块，也可以直接拖拉进软件里面。VXmodel 导入 VXelements 扫描数据（.csf 格式），也可以在"文件"命令下打开任务或者导入 .csf 扫描数据文件，如图 2-45 所示。

1. VXmodel 工具栏

VXmodel 工具栏如图 2-46 所示。其主要功能有撤销、重做、添加实体、添加表面、对齐、删除、复制、剪切、修复网格、改进、编辑、比较对象、结合、合并网格、检测网格、

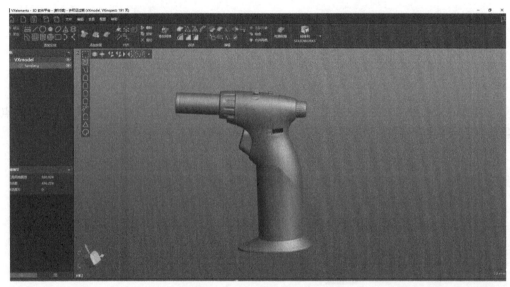

图 2-45　VXmodel 加载焊枪数据模型

图 2-46　VXmodel 工具栏

转移到 SOLIDWORKS 等。

1）撤销：可返回在网格上执行的上一个操作。

2）重做：可恢复网格上撤销的编辑操作。

3）添加实体：创建实体，测量其尺寸。

4）添加表面：自动或手动创建曲面实体特征。

5）对齐：创建参照系，以对齐扫描数据。

6）删除：可删除选定区域的三角形。操作时，首先在 VXmodel 节点中选择网格，然后选择要删除的三角形。

7）复制：可从活动网格中复制选定三角形，然后将其用于创建新网格。操作时，首先选择需要复制的网格区域，然后单击此图标。

8）剪切：可从活动网格中移除选定三角形，然后将其用于创建新网格。操作时，首先选择需要剪切的网格区域，然后单击此图标。

9）修复网格：可通过同时移除不规则特征来清理网格。

10）改进：可编辑网格中的三角形。

11）编辑：可编辑网格的大小和形状。

12）比较对象：可通过该功能将元素与可调色图进行比较。可以实现两个网格、网格与 CAD 模型、网格和表面，以及已编辑的网格和修改前的网格的比较。

13）结合：此功能可将两个或多个网格结合为一个网格。

14）合并网格：此功能可将两个或多个网格合并为一个网格。

15）检测网格：此功能可通过 VXinspect 检测网格。

16）转移到 SOLIDWORKS：可将网格传输到 SolidWorks、Inventor 或 Solid Edge 软件。

2. 快速访问工具栏

VXmodel 工具栏的左上角包含四个默认命令：新建、保存、导入和导出，如图 2-47 所示。

图 2-47 快速访问工具栏

3. 导航面板

当数据导入后，数据会在左侧项目树中显示，右击可以进行重命名、删除、保存、把面片转到 SOLIDWORKS、复制、属性等操作，如图 2-48 所示。项目树主要包含以下几个方面：

（1）重命名 重新命名扫描数据名称。

（2）删除 删除扫描数据。

（3）保存 保存扫描数据。

（4）把面片转到 SOLIDWORKS 直接把数据传输到 SOLIDWORKS 软件。

（5）复制 复制一个新的数据到目录树。

（6）属性 右击网格可显示属性信息。允许以 .csv 格式的文件形式复制属性信息，如图界面 2-49 所示。各个参数的含义如下：

图 2-48 导航面板

1）三角形数。提供活动网格内的三角形数。

2）顶点数。提供活动网格内的顶点数。

3）平均边缘长度。提供所有三角形边缘长度的平均长度。

4）水密。指示网格是否为水密状态。如果网格的属性指示水密为"是"，则表示体积准确；而如果属性指示水密为"不"，则表示活动网格存在孔，体积仅为近似值。

5）体积。提供网格的体积。

6）面积。提供所有三角形的总面积。

7）边数。提供所有三角形的总边数。

8）边界周长。提供所有边界的总长度。

9）质心（mm）。提供网格质心的 X、Y、Z 轴坐标。

10）边界盒（mm）。描述了沿 X、Y、Z 轴进行拟合，由彼此拟合且没有任何间隙的相同形状组成的图案网格的最小框尺寸。

4. 网格细节（图 2-50）

1）三角网格面数：提供活动网格内的三角形数。

2）顶点数：提供活动网格内的顶点数。

3）所选面片：使用选择工具选择的三角形数。

5. 选择工具

选择工具图标显示在 3D 查看器的左上角，也可从主菜单的"工具"中访问这些图标，如图 2-51 所示。

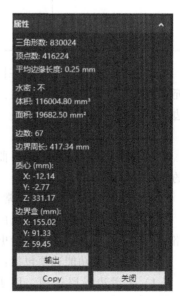

图 2-49 属性

图 2-50 网格细节

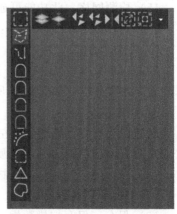

图 2-51 选择工具

6. 改进网格

改进菜单提供了表 2-3 所列的命令来编辑网格。

表 2-3 改进网格命令

命令名称	图标	命令名称	图标
填充孔		平滑网格	
简化		特征去除	
细化		平滑峰值	
编辑边界			

（1）填充孔　此功能可在网格中填充孔，主要用于曲面建模或 3D 打印的网格准备。填充孔模式分整体、部分、桥梁，即可将该功能应用到整个选定边界、部分边界或建立桥梁的边界。

填充方法如下：

1）曲率填充。填充孔的曲率与周围网格的曲率相符。

2）平坦填充。填充孔通常很平坦。

3）自适应填充。填充孔的曲率与周围网格的曲率相符，在嵌条上保持更高连续性。

涉及的相关功能选项包括：

1）平滑边界层选项。用于定义要平滑的孔周围的层数，如图 2-52 所示。

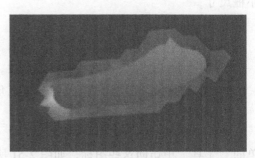

图 2-52 被选中的孔周围的层数

2）清理边界选项。该选项用于检查和修补无效边界条件，改进质量结果。

3）整体填充模式选项。选定边界：用于选择要同时填充的多个边界；边界导航：用于在要填充的孔之间进行导航。

4）部分填充模式选项。选择第一个点、最后一个点和中点。第一个点和最后一个点定义填充的起止点，中点用于确定填充侧面。

5）桥梁填充模式选项。第一部分：选择第一个点、最后一个点和中点。第一个点和最后一个点定义桥梁的第一面，单击所创建的前两个点的中间位置，创建桥梁的第一面。第二部分：选择第一个点、最后一个点和中点。第一个点和最后一个点定义桥梁的第二面，单击所创建的最后两个点的中间位置，创建桥梁的第二面。

（2）简化　网格简化可在尽量保持物体原有形状的情况下减少网格中三角形的数量。该功能旨在保存实际网格拓扑，减少平坦区域中的三角形数量，而使高弯曲率区域中存在更多的三角形。相关概念包括：

1）缩减量（％）。可通过调整百分比来设置网格中的最终三角形数量。

2）估计的三角形数量。可用于设置网格中估计的三角形数量。

3）最大偏差。可用于设置简化网格和原始网格之间允许的最大偏差值。

4）固定顶点。如果简化网格顶点应为原始顶点的子集，则选中该命令。

5）保持边界。该选项可保持实际网格边界。

（3）细化　此功能可通过在网格中增加 4 个三角形来细化网格。这样便产生了使用比实际网格更小的三角形进行新三角测量确定点位置的过程，根据固定基准线任意一端的已知点来测量相对角度。此功能使表面更加平滑，可保持实际网格边界。

（4）编辑边界　该功能可以修改或重建原有的边界曲线。

边界选择模式包括：

1）多个。用于重建整个所选边界。可以同时选择多个边界（对于多个边界，无可用预览）。

2）部分。用于重建部分边界。

3）到实体。用于基于圆形、矩形或槽的形状重建边界。

4）多个和部分模式曲线张力。使用滑块调节曲线张力，值越大，曲线越平滑。

5）分析层。边界周围的三角形层数。

6）选定边界滑块。该滑块用于选择要同时从小边界到大边界进行平滑的多个边界。

7）应用。单击此按钮可应用更改。

8）拟合到实体模式分析层。定义操作期间需要考虑的相关边界周围的三角形层数。

9）实体模式。在现有实体中进行选择，或将边界最佳拟合至圆形、矩形或槽的形状。

（5）平滑网格　此功能可消除噪点并平滑网格表面噪点。

相关功能包括：

1）平滑质量。此滑块可控制应用到网格的平滑水平。

2）迭代。通过设置该选项来指定平滑网格的尝试次数。

3）网格形状。自由形状选项用于非机械网格，以获得更好的整体平滑效果；棱镜式选项有助于保留锐边。

4）最大偏差（mm）。选中此框可设置平滑网格与原始网格的最大偏差。

5）保持边界。选中此框可保持实际网格边界。

（6）特征去除　该功能是一个组合，只需单击一次即可在所选三角形中执行删除和填充孔功能。该功能可同时在多个区域中应用。但如果选择区域中存在未选择的三角形，则该功能不适用，如图 2-53 所示。

（7）平滑峰值　峰值过滤操作可通过平滑峰值消除网格中的噪点。峰值级别指用于调整所需级别；如果将阈值设置为"100"，则将删除最大峰值。

7. 编辑网格

工具菜单提供了用于编辑网格尺寸和形状的工具，如图 2-54 所示，每个图标对应的功能见表 2-4。

图 2-53　特征去除

图 2-54　编辑网格菜单

表 2-4　编辑网格命令

命令名称	图标	命令名称	图标
外壳/偏移网格		切割网格	
延伸边界		延伸边界到平面	
缩放		使用曲线切割网格	
镜像网格		水密重画网格	
反转/固定法线			

8. 比较对象

该功能可比较两个网格、网格与 CAD 模型，或者修改后的当前网格与原始网格。

9. 结合

该功能用于合并多个网格。在网格节点下选择网格，单击 █ 图标。在扩展面板中，选择要结合的网格，单击"确定"按钮即可。

10. 合并

该功能可以融合两个（或多个）网格。

1）融合网格。在网格节点下选择网格，单击 ![icon] 图标。在扩展面板中，选择要合并的网格，单击"确定"按钮即可。

2）最大距离（mm）。两个重叠顶点间允许的最大距离。

3）平滑层。该选项用于定义重叠部分合并期间将进行平滑处理的三角形层数。

4）保持水密。要合并的一个网格已具有水密属性时，可使用此选项。

三、鼠标功能

在 VXmodel 中，鼠标各键的操作作用见表 2-5。

表 2-5 鼠标各键的操作作用

鼠标键		操作作用
左键	左键	旋转
	左键+右键	滚动
中键	滚轮	缩放
	中键	平移
	Shift+中键	区域缩放

【任务实施】

焊枪外形三角网格结构数据处理阶段的主要思路及流程如下：首先，对封装后得到的多边形对象数据进行删除钉状物处理，去除金字塔形状的三角形组合；接着，删除与主体网格不相连的三角形；减少噪声，使网格变得平滑；之后，通过修复网格检查多边形网格问题，从而修复错误网格；然后填充孔，补充缺失的表面数据，使多边形对象更加完整；最后，再次通过修复网格检查多边形网格问题，直至没有网格错误。

焊枪外形三角网格结构数据处理阶段的主要操作命令在"改进"菜单下，如图 2-55 所示。

焊枪外形三角网格结构数据处理步骤如下：

1. 打开三维数据 .stl 文件

双击快捷图标 ![icon]，启动 VXelements 应用程序；也可选择"开始"→"程序"→VXelements 命令，启动

图 2-55 改进菜单

VXelements 软件。并进入到 VXmodel 模块，将任务二中保存的三维数据文件导入其中，在工作图形区域显示焊枪的数据模型（后简称数据），如图 2-56 所示。

2. 删除杂点

在"选择工具"中选择连接工具 ![icon]，按住〈Ctrl〉，单击选择扫描数据，如图 2-57 所示（此时数据为黄色）；然后选择反选工具 ![icon]，如图 2-58 所示，按〈Delete〉删除杂点。

3. 修补填充数据

选择填充孔命令 ![icon]，数据上有边界的未填充部分会以红色显示，如图 2-59 所示，见彩

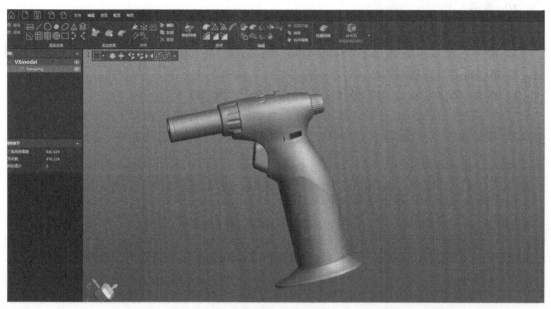

图 2-56 焊枪的数据模型

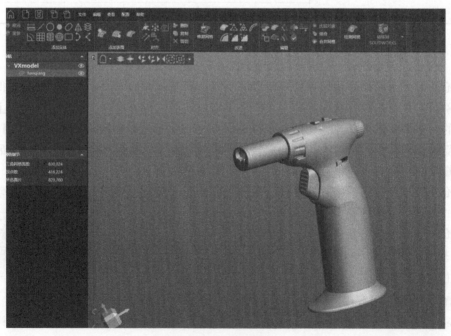

图 2-57 选择连接数据

色插页。单击选择需要填充的边界即可填充,填充完毕后单击"完成"按钮,手柄处孔填充完成效果如图 2-60 所示,见彩色插页。

4. 平滑网格

如果扫描数据表面粗糙,则可对数据进行平滑处理。选择平滑网格命令 ,根据数据

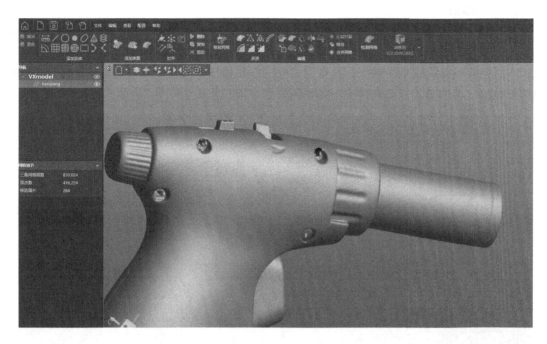

图 2-58　反选数据

表面粗糙度进行调节。但调节过量会损失细节特征，因此建议根据模型数据进行相应调整，参数"平滑重量"尽量小于"25"。如果表面光滑，则不需处理。平滑网格界面如图 2-61 所示。

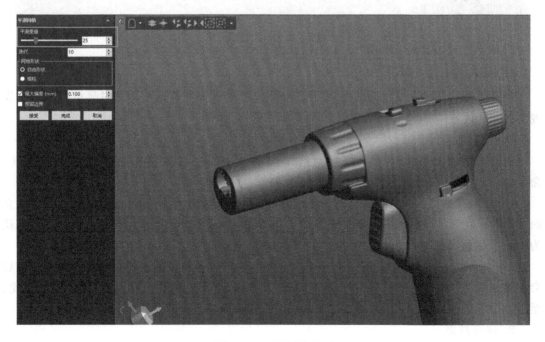

图 2-61　平滑网格界面

5. 平滑峰值

峰值过滤操作可通过平滑峰值命令消除网格中的噪点。参数"平滑峰值级别"用来设置平滑程度，平滑级别越高就会对更多的三角形网格进行平滑，删除钉状物的范围也会相应地扩大；但并不是级别越高越好，这样会删除一些小特征，对模型有一定影响。建议根据模型数据做相应的调整，一般选择中下等级的级别，即参数小于"50"，如图 2-62 所示。

图 2-62　平滑峰值

6. 修复网格

修复网格单击图标，默认情况下，大部分清理选项均被选中，同时显示在网格上发现的各元素数量。

7. 清理网格

清理网格功能主要包括"修复网格"选项卡中的"移除孤立面片"和"自交点"命令。

1）移除孤立面片。选择孤立的三角形面片，可在参数中使用滑块调节所需阈值。孤立面片即为孤立的小网格截面，如果面片的大小和最大截面大小之比小于定义的阈值（默认为 1%），则将其视为孤立面片。

2）自交点。某个三角形与一个（或多个）其他三角形相交时，就会出现自交点。随后会移除这两个三角形，用于平滑峰值，可以在参数中调节其水平。与 60°的固定阈值相比，至少有一个来自顶点的三角形存在异常法线时，会在网格上检测到峰值。

8. 保存数据

选择"文件"→"导出"→"导出网格"，将修补完成的扫描数据导出，如图 2-63 所示。

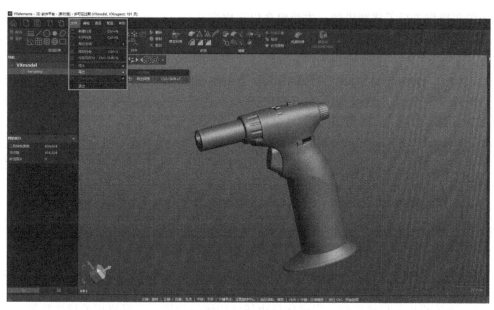

图 2-63 保存数据

 项目训练与考核

1. 项目训练

学生分组使用 HandySCAN 3D 手持式三维激光扫描仪进行焊枪外形扫描，训练三维数据采集和数据处理的整个流程。

2. 项目考核卡（表 2-6）

表 2-6 三维扫描与数据处理项目考核卡

考核项目	考核内容	参考分值/分	考核结果	考核人
素质目标考核	遵守规则	5		
	课堂互动	5		
	团结合作	10		
	理解创新	5		
知识目标考核	数据采集准备工作	10		
	数据采集流程	10		
	扫描仪使用方法	5		
	焊枪外形数据采集注意事项	10		
能力目标考核	制订数据采集方案	10		
	正确操作扫描仪进行数据采集	15		
	能够使用 VXelements 软件	15		
总计		100		

项目小结

数据采集与处理是逆向工程的一项核心技术，本项目围绕使用扫描仪进行数据采集与处理的知识和操作进行了详细讲解，主要包含以下内容：

1）介绍了数据采集方法的分类及各种采集方法的优缺点，重点介绍光学测量设备在精度与测量速度方面的优势及常用的测量方法。介绍了使用扫描仪进行数据采集的准备工作。

2）介绍了 HandySCAN 3D 手持式三维激光扫描仪的使用方法以及使用扫描仪进行焊枪外形扫描的工作流程：贴目标点→校准扫描仪→配置扫描仪→扫描→编辑扫描→停止扫描→翻转扫描→合并扫描→保存数据。

3）介绍了焊枪外形的三角网格结构数据处理过程，重点介绍了获取数据的过程以及数据缺陷修复的过程。焊枪外形三角网格结构数据处理步骤：打开三维数据 .stl 文件→删除杂点→修补填充数据→平滑网格→平滑峰值→修复网格→清理网格→保存数据。

 思考题

2-1 数据采集的方法有哪些？各种方法的优缺点是什么？

2-2 扫描前的准备工作有哪些？

2-3 简述样件的扫描步骤。

2-4 请按照相关扫描步骤，完成你身边任意物体的扫描，并保留相关扫描数据。

2-5 打开与导入的区别是什么？

2-6 如何对所扫描得到的三维数据进行数据处理，得到完整的 .stl 数据，并保存新的数据文件？

项目三　坐标对齐与CAD数模重构

教学导航

项目名称	坐标对齐与CAD数模重构	
教学目标	1. 了解 Geomagic Design X 软件的工作流程、主要功能和基本操作 2. 掌握坐标对齐的实现方法 3. 掌握 CAD 数模重构的操作过程 4. 学会焊枪外形的数模重构	
教学重点	1. 坐标对齐 2. CAD 数模重构	
工作任务名称	主要教学内容	
	知识点	技能点
任务一　Geomagic Design X 软件认知	1. Geomagic Design X 软件的工作流程 2. Geomagic Design X 软件的界面功能	1. 了解 Geomagic Design X 软件的工作流程 2. 能够熟练使用 Geomagic Design X 软件的各项操作命令
任务二　数据对齐与逆向设计	1. 坐标对齐工具 2. CAD 数模重构主要命令	1. 掌握坐标对齐的方法 2. 能够应用草图、模型、3D 草图等模块操作组中的命令对扫描数据处理后的数模进行 CAD 数模重构
任务三　焊枪外形的数模重构	1. 焊枪外形数模重构思路 2. 焊枪外形数模重构操作	掌握焊枪外形的数模重构
教学资源	教材、视频、课件、设备、现场、课程网站等	
教学(活动)组织建议	1. 教师讲解 Geomagic Design X 软件各操作命令的功能,学生听课 2. 学生练习 Geomagic Design X 软件各操作命令的使用,教师指导 3. 教师讲解坐标对齐与 CAD 数模重构的方法,学生听课 4. 学生练习坐标对齐与 CAD 数模重构的操作,教师指导 5. 教师讲解焊枪外形数模重构的步骤,学生听课 6. 学生练习焊枪外形数模重构的操作,教师指导 7. 教师总结	
教学方法建议	理实一体教学、案例教学等	
考核方法建议	根据学生对焊枪外形数据的坐标对齐与 CAD 数模重构情况及其学习态度进行现场评价	

任务一 Geomagic Design X 软件认知

【任务描述】

采用 HandySCAN 3D 手持式三维激光扫描仪对焊枪外形进行扫描，获取其外形的点云数据，通过对其进行数据处理，已形成了焊枪外形的网格模型。

请问：通过什么手段可以将其网格模型转变成可编辑的三维 CAD 模型？工作流程有哪些？

【相关知识】

美国 Geomagic 公司开发的 Geomagic Design X 软件是能够以三维（3D）扫描数据为基础创建 CAD 模型的 3D 逆向工程软件，结合基于历史树的 CAD 数模和 3D 扫描数据处理，能创建出可编辑的、基于特征的 CAD 数模，并与现有的 CAD 软件兼容。Geomagic Design X 是目前行业功能全面的逆向工程软件，其特点如下：Geomagic Design X 可以通过最简单的方式由 3D 扫描仪采集的数据创建出可编辑的、基于特征的 CAD 数模，并将它们集成到现有的工程设计流程中；Geomagic Design X 可以缩短从研发到完成设计的时间；Geomagic Design X 可以提升 CAD 工作环境，将原始数据导出到 SolidWorks®、Siemens NX®、Autodesk Inventor®、PTC Creo® 和 Pro/Engineer® 等工程软件中；Geomagic Design X 可以重复使用现有的设计数据，无需手动更新旧图样、精确地测量以及在 CAD 中重新建模。

一、Geomagic Design X 软件的工作流程

Geomagic Design X 软件逆向设计流程是：首先，由点云数据构建三角面片；然后，根据三角面片的几何特征（如曲率等）将其重新分割成为领域组；之后基于领域组进行特征识别，编订几何特征是规则特征还是非规则特征，是二次标准曲面还是自由曲面；最后，使用拉伸、旋转、放样、扫描、面片拟合、境界拟合等构建 NURBS 曲面，并且以实体的方式建立产品的数字化模型，可以导入常用的三维建模软件（UG、SolidWorks 等），得出工程图样，进行批量化加工。其工作流程如图 3-1 所示。

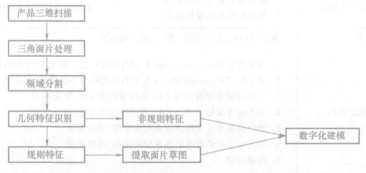

图 3-1 Geomagic Design X 软件工作流程

在使用 Geomagic Design X 软件时，完成产品数字化模型建立的具体操作步骤示例如图 3-2 所示。

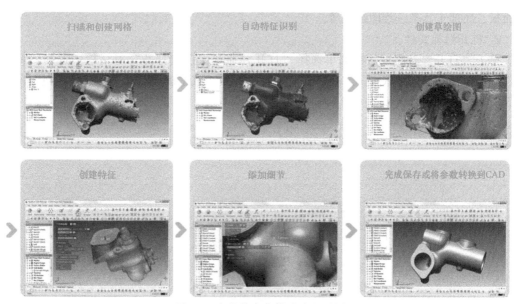

图 3-2 产品数字化模型建立示例

二、Geomagic Design X 软件的界面功能

1. 启动 Geomagic Design X 软件

选择 "开始"→"所有程序"→"3D Systems"→"Geomagic Design X"，开始运行 Geomagic Design X 软件；或者双击桌面上的 Geomagic Design X 图标，开始运行 Geomagic Design X 软件，其工作界面如图 3-3 所示。工作界面包含菜单栏、选项卡、命令、工具组、工具栏、管

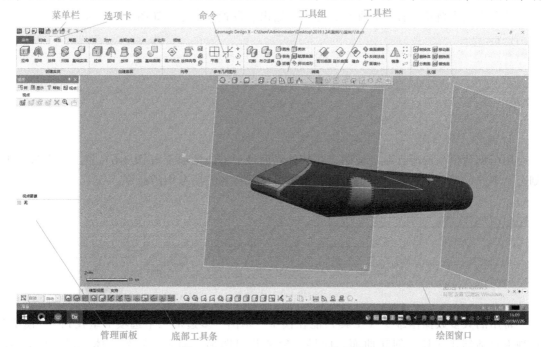

图 3-3 Geomagic Design X 工作界面

理面板、底部工具条、绘图窗口等。

2．打开目标文件

单击"打开"按钮或从主菜单选择"打开"命令，在"打开"对话框中选择.xrl目标文件（Geomagic Design X 格式），单击"打开"按钮，数据被加载并显示在模型视图里，如图3-4所示。

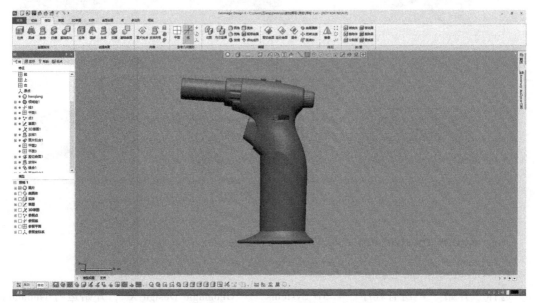

图 3-4　打开并显示数据

3．菜单栏

菜单栏包含新建、打开、保存、导入、输出、设置等命令，如图3-5所示。

图 3-5　菜单栏

4．选项卡和命令

用于创建模型的所有命令被储存在软件界面最上方的选项卡（图3-6）里，每个选项卡划分出不同的组别，将命令归类为组，单击可以选择各选项卡中的命令。

图 3-6　选项卡

常用的大多数操作命令（工具）能在模型、草图、多边形三个选项卡里找到。"模型"选项卡包括创建实体、创建曲面、向导、参考几何图形、编辑、阵列、体/面等组别，如

图 3-7 所示。CAD 标准创建工具被放置在这里。

图 3-7 "模型"选项卡

"草图"选项卡中的命令可以创建和编辑二维草图,或使用直线、圆弧及其他草图工具创建和编辑二维面片草图,如图 3-8 所示。

图 3-8 "草图"选项卡

"多边形"选项卡可使用工具修改和编辑该多边形/面片,如图 3-9 所示。

图 3-9 "多边形"选项卡

每个命令有它自己的属性和对话框,可以在选项卡中设置和保存,同时还有一个下拉菜单去切换命令。在所列选项卡中不能直接找到所有的命令,因为有些被放置在"菜单"的下拉菜单里,命令一般分类储存在这里。从"菜单"选项卡中选择命令和在工具栏中选择是相同的,以"整体再面片化"为例,如图 3-10 所示。

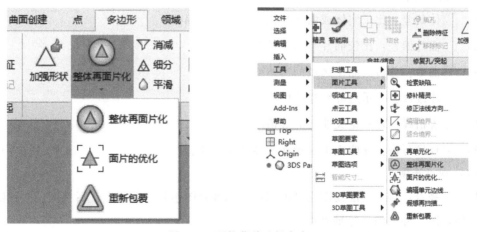

图 3-10 下拉菜单选择命令

5. 工具栏

工具栏包含数据显示模式、视点选项、选择工具,如图 3-11 所示。

显示模式包含面片显示、体显示和精度分析工具;视点选项包含视点、逆时针旋转视

图 3-11 工具栏

图、顺时针旋转视图、翻转视点、法向工具；选择工具包含直线、矩形、圆、多边形、套索、画笔、涂刷、延伸至相似、仅可见选择模式。各图标的含义如下：

（1）面片显示

1）点集：面片仅显示为单元点云。

2）线框：面片仅显示为单元边界线。

3）渲染：面片显示为渲染的单元面。

4）边线渲染：面片显示为单元边界线的渲染单元面。

5）曲率：打开或关闭面片曲率图的可见性。

6）领域：打开或关闭领域的可见性。

7）几何形状类型：改变领域显示，将所有领域类型进行不同颜色的分类。

（2）体的显示

1）线框：仅显示体的边界线。

2）隐藏线：显示体的可见边界线，将不可见边界线隐藏。

3）渲染：只显示没有边界线的渲染。

4）渲染可见的边界线：显示体的面与可见边界线。

（3）精度分析

1）体偏差：比较实体或曲面与扫描件数据的偏差。

2）面片偏差：比较面片与之前数据的偏差。

3）曲率：分析高曲率区域的实体或曲面。

4）连续性：显示边界线连续性的质量。

5）等值线：显示定义曲面的等值线。

6）环境写像：在曲面上显示连续性的斑马线。

（4）视点选项

1）视点：显示标准视图模型的视图。标准视图包括：前视图、后视图、左视图、右视图、俯视图、仰视图、等轴测视图。

2）逆时针旋转视图：向左旋转模型视图 90°。

3）顺时针旋转视图：向右旋转模型视图 90°。

4）翻转视点：翻转当前视图方向 180°。

5）法向（Ctrl+Shift+A）：视图垂直于选择的曲面。

（5）选择工具

1）直线：画线选择界面中的要素。

2）矩形：画矩形选择界面中的要素。

3）圆：画圆选择界面中的要素。

4）多边形：画多边形选择界面中的要素。

5）套索：手动画曲线选择界面中的要素。

6）画笔：手动画轨迹选择界面中的要素。

7）涂刷：选择所有连接的单元面。

8）延伸至相似：通过相似曲率选择连接的单元面区域。

9）仅可见：选择当前视图的可见对象，通过对象取消选择。

6. 鼠标控制及快捷键

（1）鼠标控制 在界面右上方的角落，一个箭头可以打开或关闭鼠标所有可用的功能显示。这个显示是动态的，只显示目前鼠标可用的功能。如图3-12，显示了鼠标的默认设置。例如，旋转视图：首先将光标放置在模型视图里，然后持续按住鼠标右键；平移零件：持续按住鼠标右键后并按住鼠标左键；模型视图里改变对象的大小，可使用缩放命令。

（2）快捷键 通过快捷键可以迅速地获得某个命令，不需要在菜单栏或工具栏里选择命令，可节省时间。常用快捷键及其功能见表3-1。

图3-12 鼠标操作方式（默认）

表3-1 常用快捷键及其功能

功 能	快捷键	功 能	快捷键
新建	Ctrl+N	打开	Ctrl+O
保存	Ctrl+S	撤销	Ctrl+Z
恢复	Ctrl+Y	反转	Shift+I
选择所有	Ctrl+A，Shift+A	实时缩放	Ctrl+F
面片	Ctrl+1	领域	Ctrl+2
点云	Ctrl+3	曲面体	Ctrl+4
实体	Ctrl+5	草图	Ctrl+6
3D草图	Ctrl+7	参照点	Ctrl+8
参照线	Ctrl+9	参照平面	Ctrl+0
法向	Ctrl+Shift+A		

7. 选择工具的应用

（1）面片上选择单元面　单击矩形选择模式图标，将光标放在对象上，持续按住鼠标左键，拖动光标定义第二角落选择区。移动光标时，选中的矩形区域是可见的，释放鼠标左键，将高亮显示选择的单元面区域。

（2）取消之前选择的部分单元面　按住〈Ctrl〉键，用鼠标左键在高亮显示区域选择相同区域，释放〈Ctrl〉键之前先释放鼠标左键。

（3）在之前的基础上增加更多的单元面　按住<Shift>键，选择面片的其他区域。

（4）使用直线、圆、多边形、套索、涂刷选择模式选择或删除其他区域　从模型视图对象上方工具栏中选择工具，按<Delete>键删除选择的区域。

8. 管理面板

管理面板包含了许多不同的应用程序需要的功能。Geomagic Design X 重要的设置均包含在管理面板里。面板可以被放置在界面的任何位置，也可以被固定、隐藏或完全关闭。

探索不同的可用面板，如果关闭了面板，但又想打开，则可在底部的工具栏上单击鼠标右键，从列表中选择相应的功能面板。

（1）特征树面板　界面左边的特征树面板是模型建立过程中必不可少的。上部分是功能特征树，下部分是模型特征树。功能特征树作为一个历史特征树，通过列出的步骤，可以创建一个模型；模型特征树列表中的实体仍然存在于这个模型，这些对象的可见性可在这里控制，特征树面板示例如图 3-13 所示。

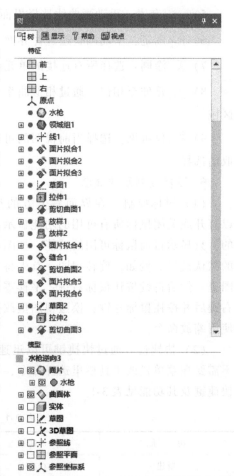

图 3-13　特征树面板

（2）显示面板　显示面板默认位于特征树面板的旁边，包含了扫描数据和物体的显示选项，如图 3-14 所示。它还包含了其他视图和模型视图数据显示属性的设置选项，如图 3-15 所示。

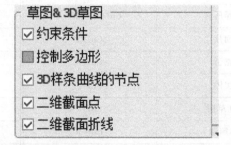

图 3-14　显示面板

图 3-15　数据显示属性

在显示面板中，可执行如下操作：

1）单击特征树旁边的"显示"面板。

2）可勾选/移除勾选"世界坐标系 & 比例""背景栅格""渐变背景""标签"，每个选项开关可切换模型视图的可见性。

3）一般选项区，控制了所有数据的显示方式，包括透明度、投影法、视图设置等。

4）面片/点云选项区，可通过不同的方式查看扫描数据。

5）领域选项区，控制查看几何的形状类型。

6）体选项区，查看曲面或实体，允许控制分辨率。

7）草图 &3D 草图选项区，可通过具体的可见性选项选择草图组件。

（3）帮助面板　帮助面板包含了一系列内容和查找每个主题命令的附加信息。Index 标签可供搜索。帮助面板中的内容将说明是什么工具、使用的好处、怎么使用，以及所有工具详细的选项，如图 3-16 所示。

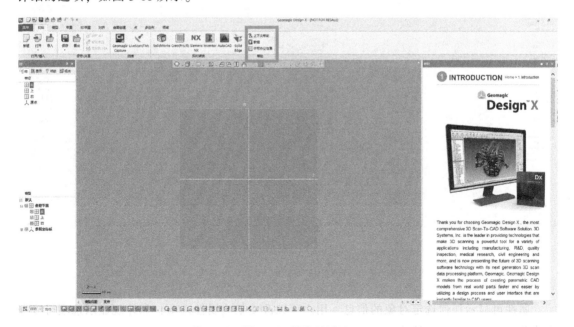

图 3-16　帮助面板

（4）视点面板　视点面板可创建和编辑捕捉模型当下的视图状态。

1）追加视点：捕捉当前的视图状态。

2）应用视角：转换到已选择的视角。

3）仅显示选择视点的要素：显示选择视点的要素。

4）更新视点：更新当前视图状态中的所选视点。

5）删除视点：删除选择视点。

6）缩放：缩放视点图像。

7）输出视点：输出选择视点的图像文件。

9. 精度分析

Geomagic Design X 软件中，Accuracy Analyzer™ 工具允许用户实时查看零件设计的准确性，以彩色图谱显示 CAD 对比扫描数据偏差。在这里，可以设置不同的方式来显示表面的质量和连续性，也可以分析面片之间的偏差。在面板上可以设置计算选项，一旦应用偏差，会出现一个控制公差值的颜色条。精度分析的操作如下：

1）体和面片之间的偏差：选择"体偏差"旁边的单选按钮。

2）调整零件的公差范围：双击界面右侧公差值控制条中的"0.1"，如图 3-17 所示，将该数值更改为"0.15"。

E3-1　精度分析

3）再次单击"体偏差"可以关闭精度分析。

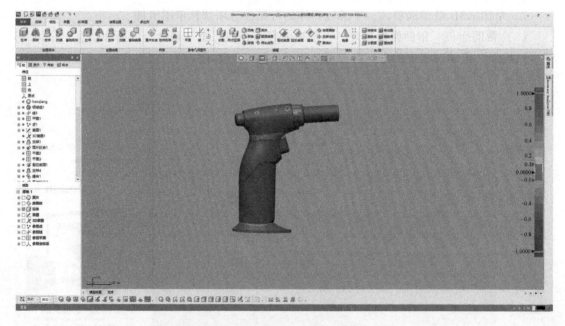

图 3-17　精度分析

10. 属性

属性可显示任何选定对象的信息。用户可以改变某些属性选项，如外观显示选项可以开启或关闭。属性还可以计算出内部属性详细信息，如图 3-18 所示。

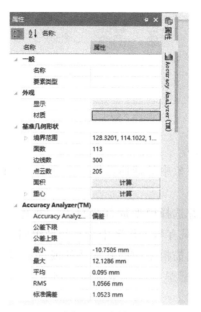

图 3-18　属性

任务二　数据对齐与逆向设计

【任务描述】

采用 HandySCAN 3D 手持式三维激光扫描仪对焊枪外形进行扫描，获取其外形的点云数据，通过对其进行数据处理，形成了焊枪外形的网格模型。

请问：将其网格模型转变成可编辑的三维 CAD 模型主要用到哪些命令和工具？

【相关知识】

一、坐标对齐工具

Geomagic Design X 中的对齐模块提供了多种对齐方法，将扫描得到的面片（或点云）数据从原始位置移动到更有利用效率的空间位置，为扫描数据的后续使用提供更简捷的广义坐标系统。

通过对齐模块提供的工具，可将面片数据分别与用户自定义坐标系、世界坐标系及原始 CAD 数据进行对齐，分别对应于对齐模块中的三组对齐工具：扫描到扫描、扫描到整体、扫描到 CAD，如图 3-19 所示。

1. "扫描到扫描" 操作组

1）扫描数据对齐：将面片（或点云）数据对齐到其他面片（或点云）数据，对齐方法包括自动对齐、拾取点对齐和整体对齐。当工作区中存在两个或两个以上的面片（或点云）数据时，激活该命令。

2）目标对齐：对指定文件夹的扫描数据进行对齐，当该文件夹内的扫描数据实时更新

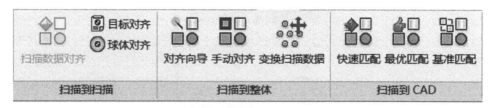

图 3-19 对齐模块工具界面

时，可实现模型的实时自动对齐。

3）球体对齐：通过匹配对象中的球体数据，实现多个扫描数据粗略对齐。

2. "扫描到整体"操作组

1）对齐向导：自动生成并选择模型局部坐标系，并将局部坐标系与世界坐标系对齐，将模型对齐到世界坐标系中。只有当工作区中存在领域组时，才能激活该命令。

2）手动对齐：通过定义扫描模型中的基准特征或选择点云数据领域，与世界坐标系中的坐标轴或坐标平面匹配，使模型与世界坐标系对齐。该命令在存在一个面片（或点云）数据时有效。

3）变换扫描数据：通过移动鼠标或修改参数来移动、旋转或缩放面片（或点云）数据。

3. "扫描到 CAD"操作组

1）快速匹配：粗略地自动将扫描数据对准曲面或实体。当工作区中存在多个面片（或点云）数据和体时，激活该命令。

2）最优匹配：利用要素之间的重合特征自动对齐扫描数据和模型。当工作区中存在多个面片（或点云）数据和体时，激活该命令。

3）基准匹配：通过选择基准将扫描数据对齐到模型或坐标。当工作区中存在多个面片（或点云）数据和体时，激活该命令。

二、CAD 数模重构主要命令

Geomagic Design X 数模重构是在前期点云数据处理的基础上，通过拖动基准平面与数据模型相交获取特征草图，再利用拉伸、旋转等操作命令创建出实体模型。具体操作流程如下：先根据模型表面的曲率设置合适的敏感度，将模型自动分割成多个特征领域；然后根据建模需求对领域进行编辑，即根据原始设计意图对模型特征进行识别，规划出建模流程；在掌握设计意图的基础上，通过定义和拖动基准面改变其与模型相交的位置来获取模型特征草图，并利用草图工具进行草图拟合，精准还原模型局部特征的二维平面草图；最后，通过常用的三维建模工具创建出与原物模型吻合的实体模型。重构建模操作流程如图 3-20 所示。

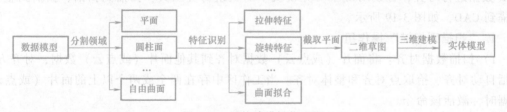

图 3-20 重构建模操作流程

1. 草图模块的操作命令

草图模块包括设置、绘制、工具、阵列、正接的约束条件、一致的约束条件和再创建样条曲线七个操作组，如图 3-21 所示。

图 3-21　草图模块操作界面

（1）设置操作组　设置操作组包括面片草图和草图两种模式，如图 3-22 所示。

1）面片草图：软件进入"面片草图"绘制模式，先通过定义基准平面截取模型的截面轮廓多段线，再利用草图工具拟合绘制二维草图。

2）草图：软件进入"草图"绘制模式，与常规的 CAD 软件草图绘制程序类似，即通过直线、圆、样条曲线等绘制命令进行草图绘制。

（2）绘制操作组　绘制操作组包含绘制直线、圆弧、矩形、椭圆、样条曲线等特征的工具，以及标注尺寸的工具等，如图 3-23 所示。

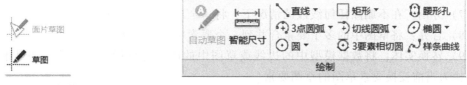

图 3-22　设置操作组　　　　　　　　　图 3-23　绘制操作组

1）自动草图：软件自动从多段线处提取直线和弧线，以创建完整、受约束的草图轮廓。

2）智能尺寸：将精确尺寸标注到草图中，如距离、角度、半径等。

3）直线：绘制一条或多条直线。单击图标开始绘制直线，每次单击都会完成一条线段的绘制，双击则结束直线绘制。

参照线：绘制可用于构造几何形状的参照线。此类型的构造几何形状可与草图要素一同使用。

4）三点圆弧：通过设置起始点、终点和半径绘制圆弧。

中心点圆弧：通过设置中心、起始点和终点绘制圆弧。

5）圆：绘制一个圆。单击确定圆的中心点，再次单击设置圆的半径。

外接圆：通过确定 3 个点定义圆周，从而创建一个圆。

6）多边形：通过指定边数、位置和尺寸来创建标准的多边形。

矩形：通过确定对角绘制矩形。

平行四边形：通过三点法绘制平行四边形。前两点定义底长，第三点定义高度和角度。

7）三点相切圆弧：使用接触基准草图平面上其他三个草图要素边线的内接圆（三要素相切圆）绘制圆弧。

切线圆弧：选择圆弧或线段等草图图形的一个端点作为起点，该起点也是所作圆弧与原图形的切点；然后确定终点，得到所绘制的圆弧。

8）三要素相切圆：绘制接触基准草图平面上其他三个草图要素边线的内接圆。

9）腰形孔：通过三点法绘制腰形孔。前两点定义腰形孔的边长，第三点定义腰形孔的圆弧直径。

10）椭圆：绘制一个椭圆。第一次单击确定椭圆中心点，第二次单击确定椭圆的定向和第一条半径，第三次单击确定第二条半径。

局部椭圆：绘制椭圆弧。第一次单击确定椭圆中心点，第二次单击确定椭圆的定向和第一条半径，第三次单击确定第二条半径，第四次单击确定椭圆弧的终点。

11）样条曲线：通过插入点绘制样条曲线。

（3）工具操作组　工具操作组包含剪切、调整、转换实体等12个操作工具，如图3-24所示。

1）剪切：移除草图中不需要的部分，如自由线段或与其他草图几何相交的线段。

2）调整：通过鼠标选中草图要素的一个端点并拖动调整要素的尺寸。

3）圆角：在两条交叉直线或指定半径的弧线之间创建相切圆角。

4）倒角：分为"距离-距离"方式和"距离-角度"方式定义的倒角。

5）偏移：以用户自定义的距离和方向偏离草图要素。

6）延长：将草图图形延长至与另一草图图形相交。

7）分割：在不删除任何线段的情况下，将一个草图要素分割出多个断点。

8）合并：将草图中的多个要素合并到一个要素中。该功能与分割相反。

9）转换实体：将数据模型中的边线或草图中的曲线等投影到当前草图的基准平面上，并变换为当前变换要素草图的草图要素。

10）轮廓投影：将某一特征的外轮廓投影到当前草图的基准平面上，并变换成草图要素。

11）变换为样条曲线：将线段、弧线段变换为样条曲线要素。

12）文本变换为样条曲线：将文本变换为样条曲线要素。

（4）阵列操作组　阵列操作组可对草图要素进行一定规则的复制与排列，它包含镜像、线形草图阵列、草图旋转阵列三个操作工具，如图3-25所示。

图3-24　工具操作组　　　　　　　　　　　图3-25　阵列操作组

1）镜像：生成关于轴或草图线对称的草图图形要素。

2）线形草图阵列：沿一条或两条线性路径以统一距离创建草图要素的多个复制。

3）草图旋转阵列：通过一个定位点，沿一个圆形方向以统一角度间隔创建草图要素的多个复制。

（5）正接的约束条件操作组　正接的约束条件操作组用于判断两草图要素在交点处是否相切。通过设定一个允许的角度偏差值，计算相连的两个草图要素在交点上所成的角度，若该角度小于设定的角度值，则将这两个草图要素在交点上的约束设置为相切约束。正接的约束条件操作组如图3-26所示。

（6）一致的约束条件操作组　一致的约束条件操作组用于判断两草图要素的端点是否重合。该命令可以在绘制复杂草图时快速地检查并修正各草图要素之间的连接问题。一致的约束条件操作组如图 3-27 所示。

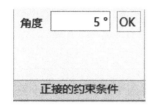

图 3-26　正接的约束条件操作组

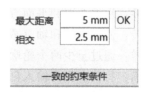

图 3-27　一致的约束条件操作组

1）最大距离：当草图要素端点之间的间隔距离小于设定的最大距离时，将它们的端点进行重合约束。

2）相交：当草图要素端点之间的交叉值小于设定的交叉值时，将它们的端点进行重合约束。

（7）再创建样条曲线操作组　再创建样条曲线操作组可以改变已有样条曲线控制节点的点数，还可以调整这些点，使它们均匀分布。再创建样条曲线操作组如图 3-28 所示。

1）插入点数：选择要修改的样条曲线，并重新设置控制节点的点数，单击"OK"按钮即可完成。

图 3-28　再创建样条曲线操作组

2）空间均匀分布点：选择要修改的样条曲线，勾选该选项，单击"OK"按钮即可完成。

2. 模型模块的操作命令

模型模块包括创建实体、创建曲面、向导、参考几何图形、编辑、阵列、体/面七个操作组，如图 3-29 所示。

图 3-29　模型模块操作界面

（1）创建实体操作组　创建实体操作组包含拉伸、回转、放样、扫描、基础实体五个操作工具，如图 3-30 所示。

1）拉伸：根据草图和平面方向创建新实体。可进行单向或双向拉伸，且可通过输入具体数值或选择到达条件定义尺寸。

图 3-30　创建实体操作组

2）回转：使用草图和轴（或边线）创建新回转实体。

3）放样：通过至少两个封闭的轮廓新建放样实体。按照选择轮廓的顺序将其相互连接，或者可将额外的轮廓用作向导曲线，以帮助清晰明确地引导放样。

4）扫描：将草图作为输入创建新扫描实体。扫描需要两个草图。即一个路径和一个轮廓。沿向导路径拉伸轮廓,创建封闭扫描实体。

5)基础实体:快速从带有领域的面片中提取简单的实体几何对象。

(2)创建曲面操作组　创建曲面操作组包含拉伸、回转、放样、扫描、基础曲面五个操作工具,如图 3-31 所示。

1)拉伸:根据草图和平面方向创建新的曲面。

2)回转:使用草图和轴(或边线)创建新回转曲面。

3)放样:通过至少两个轮廓新建放样曲面。

4)扫描:将草图作为输入创建新扫描曲面。扫描需要两个草图,即一个路径和一个轮廓。沿向导路径拉伸轮廓,创建开放扫描曲面。

5)基础曲面:快速从带有领域的面片中提取简单的曲面几何对象。

(3)向导操作组　向导操作组包含面片拟合、放样向导等五个操作工具,如图 3-32 所示。

1)面片拟合:将面片拟合到所选单元面或领域上。

2)放样向导:从单元面或领域中提取放样对象。该操作工具会以智能的方式计算出多个断面轮廓,并基于所选数据创建放样路径。

3)拉伸精灵:从单元面或领域中提取拉伸对象。该操作工具会根据所选领域,以智能的方式计算出断面轮廓、拉伸方向和高度。生成的对象可与现有体进行布尔运算。

4)回转精灵:从单元面或领域中提取回转对象。该操作工具会根据所选领域,以智能的方式计算出断面轮廓、回转轴和回转角度。生成的对象可与现有体进行布尔运算。

5)扫描精灵:从单元面或领域中提取扫描对象。该操作工具会根据所选领域,以智能的方式计算出断面轮廓和路径。

(4)参考几何图形操作组　参考几何图形操作组包含平面、线等五个操作工具,如图 3-33 所示。

图 3-31　创建曲面操作组　　图 3-32　向导操作组　　图 3-33　参考几何图形操作组

1)平面:构建新参照平面。该操作工具可用于创建平面草图、镜像特征等。

2)线:构建新参照线。该操作工具可以用来定义模型特征的方向或轴约束等。

3)点:构建参考点。该操作工具可用来标记模型上或 3D 空间中的具体位置等。

4)多段线:构建参照多段线。该操作工具可用来创建模型重建的参考曲线,参考曲线包含模型的特征线、截面线、边界线和中心线等。

5)坐标系:构建新参照坐标系。该操作工具可用于定义一组共享共用的原点轴。

(5)编辑操作组　编辑操作组包含切割、布尔运算、圆角、倒角、拔模、壳体、赋厚曲面、押出成形、剪切曲面、延长曲面、缝合、曲面偏移、反转法线、面填补 14 个操作工具,如图 3-34 所示。

1)切割:用曲面或平面对实体进行切割。可以手动选择实体保留部分。

图 3-34　编辑操作组

2）布尔运算：对多个实体进行并、差、交的运算，得到所需的实体模型。可以将多个部分合并成一个整体，或用一个实体切割另一个实体，或保留多个部分的重叠区域。

3）圆角：在实体或曲面体的边线上创建圆角特征。

4）倒角：在实体或曲面体的边线上创建倒角特征。

5）拔模：通过指定角度和距离创建实体或曲面体的拔模面。

6）壳体：移除选定实体的已选面，并以剩余面生成薄壁模型。

7）赋厚曲面：将曲面赋厚为具有一定厚度的实体。

8）押出成形：以 2D 草图或 3D 草图为截面草图，通过拉伸的方式，在现有曲面或实体上创建凸起或凹槽。

9）剪切曲面：对曲面体进行剪切。剪切工具可以是曲面、实体或曲线。

10）延长曲面：延长曲面体的边界。可以选择单个曲面边线或整个曲面来延长曲面的开放边界。

11）缝合：将相邻曲面结合到单个曲面或实体中。必须先剪切待缝合的曲面，以使其相邻边线在同一条直线上。

12）曲面偏移：选择现有曲面或实体的面来创建新的偏移曲面。

13）反转法线：将曲面法线方向反转到相反方向。

14）面填补：根据所选边线创建曲面。

（6）阵列操作组　阵列操作组包含镜像、线形阵列、圆形阵列、曲线阵列四个操作工具，如图 3-35 所示。

1）镜像：选择某个面为对称面，创建实体或曲面的镜像。

2）线形阵列：生成主体的副本，并以定义的间隔和方向放置这些副本。

3）圆形阵列：生成主体的副本，并将其按设定规则放置在某半径的圆周上。

4）曲线阵列：生成主体的副本，并将其沿向导曲线放置。

（7）体/面操作组　体/面操作组包含转换体、删除体、分割面、移动面、删除面、替换面六个操作工具，如图 3-36 所示。

图 3-35　阵列操作组

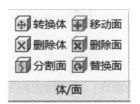

图 3-36　体/面操作组

1）转换体：移动、旋转或缩放实体或曲面体。也可借助基准，将一个体与另一个体或面片对齐。

2）删除体：删除所选实体。

3）分割面：运用投影、轮廓投影和相交方法分割面。分割面完成后，对象要素会有若干面，但仍是一个要素。

4）移动面：选择曲面，使其沿指定方向移动设置的距离，或沿所选轴线旋转设置的角度。

5）删除面：移除实体或曲面体上的面。

6）替换面：移出所选面，扩展相邻面，并将原始面替换为其他面。

3. 3D 草图模块的操作命令

3D 草图模块包含 3D 面片草图和 3D 草图两个模式，处理对象可以是面片和实体。在 3D 草图模式下，可以创建样条曲线、断面曲线和境界曲线；在 3D 面片草图模式下，也可以创建上述曲线，区别在于其创建的曲线在面片上。在 3D 面片草图模式下还可以创建、编辑补丁网络，通过补丁网络拟合 NUBRS 曲面，这与曲面创建模块中的补丁网格功能相同。3D 草图模式下创建的曲线保存在 3D 草图中，3D 面片草图模式下创建的曲线保存在 3D 面片草图中。

3D 草图模块包括设置、绘制、编辑、创建/编辑曲面片网格、结合和再创建六个操作组，如图 3-37 所示。

图 3-37 3D 草图模块操作界面

（1）设置操作组 设置操作组用于设置不同的草图模式，包含 3D 面片草图和 3D 草图两个操作工具，如图 3-38 所示。

1）3D 面片草图：单击后进入 3D 面片草图模式。

2）3D 草图：单击后进入 3D 草图模式。

（2）绘制操作组 绘制操作组主要用于在 3D 草图模式下生成曲线，包含样条曲线、偏移、断面、镜像、境界、转换实体、绘制特征线、曲面上的 UV 曲线、相交、投影 10 个操作工具，如图 3-39 所示。

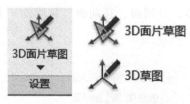

图 3-38 设置操作组

图 3-39 绘制操作组

1）样条曲线：通过插入控制点，在面片上或自由的 3D 空间创建一条过控制点的 3D 样条曲线。样条曲线可用于创建曲线网格，作为拟合曲面的边界；可创建路径，用于扫描或放样。

2）偏移：对已存在的曲线或直线进行偏移，创建具有相同属性和形状的曲线或直线。

3）断面：通过设定断面与面片对象（或实体对象）相交，创建断面曲线。断面命令可用于创建曲线网格，作为拟合曲面的边界；可创建扫描或放样的路径；也可创建轮廓，作为放样的轮廓线。

4）镜像：通过镜像创建3D曲线。在3D面片草图模式下，镜像后的3D曲线将投影在面片上；在3D草图模式下，镜像得到的曲线在空间中的形状不发生变化。

5）境界：选择面片上部分或完整边界，创建为曲线。在3D草图模式和3D面片草图模式下都有效。境界命令可用于创建扫描或放样的路径，以及提取形状不规则模型的边界。

6）转换实体：将已选定的CAD边线、曲线或草图转换为当前草图。

7）绘制特征线：绘制面片上高曲率位置的曲线，单击面片上的高曲率区域将自动提取曲线。该命令只在3D面片草图模式下有效。

8）曲面上的UV曲线：在实体的表面上单击一点，将在该点沿着UV方向创建两条曲线，该命令只在3D草图模式下有效。可用来根据指定点的分布创建3D曲线网格。

9）相交：操作对象为实体，选择相交的两实体创建其相交线。该命令只在3D草图模式下有效。

10）投影：将已存在的曲线投影在目标对象上，目标对象可以是面片、实体、参照面。该命令只在3D草图模式下有效。

（3）编辑操作组 编辑操作组用于对已创建的曲线进行编辑，包含剪切、延长、匹配、平滑、分割、合并六个操作工具，如图3-40所示。

1）剪切：移除相交曲线上不需要的部分。

2）延长：延长曲线，选择曲线的端点作为延长起始点，方向可以选择曲线的切线方向、曲率方向或投射方向。该命令在3D面片草图模式和3D草图模式下的区别在于，在3D面片草图模式下延长时要沿着面片。

3）匹配：在曲线和对象要素间添加约束关系，对象要素可以是曲线、参考线、参考面、实体边界或实体表面。可以添加的约束关系有相切、曲率一致和正交。

4）平滑：对选择的曲线进行平滑处理，使其波动变小。

5）分割：分割选择的曲线，可以选择曲线的一点作为分割点，或以曲线间的交叉点、曲线与面的交叉点作为分割点。

6）合并：合并两条以上的曲线为一条曲线。合并方式有，连接曲线的端点为一条曲线，或选择相邻的几条曲线创建为一条曲线。

（4）创建/编辑曲面片网格操作组 创建/编辑曲面片网格操作组用于创建曲面片网格并进行编辑，包含提取轮廓曲线、构造曲面片网格、移动面片组、松弛轮廓线、松弛曲面片、删除曲面片、修复曲面片七个操作工具，如图3-41所示。

图3-40 编辑操作组

图3-41 创建/编辑曲面片网格操作组

1）提取轮廓曲线：先检测面片上高曲率区域的网格，然后在这些区域中提取三维轮廓曲线。轮廓曲线的提取是创建曲面片网格过程的第一步，所提取的轮廓曲线将被用来作为三维曲面片网格的分块布局。

2）构造曲面片网格：以提取的轮廓曲线为边界线，在面片上构造网格，网格的数量可以自动估算或指定面片上网格的最大数量。

3）移动面片组：对网格形状不规则或分布不均匀的面片组进行编辑，生成更规则的网格。规则的网格拟合的 NURBS 曲面精度更高。

4）松弛轮廓线：通过降低端点之间的张力，平滑轮廓线。

5）松弛曲面片：通过降低曲面片端点之间的张力，平滑曲面片布局图中的曲线。

6）删除曲面片：删除曲面片布局图中的所有曲面片，仅保留轮廓线。

7）修复曲面片：检测并修复曲面片网格中的问题几何形状。

（5）结合操作组　结合操作组用于对已有的曲线进行处理，包含终点和相交两个可设置参数，如图 3-42 所示。

1）终点：设置一定的距离，两曲线的相邻端点小于此距离时将连接在一起。

2）相交：设置一定的距离，当曲线间的最小距离在此范围之内时，创建曲线之间的交点。

（6）再创建操作组　再创建操作组用于再次创建曲线，包含插入点数和许可偏差两个可设置参数，如图 3-43 所示。

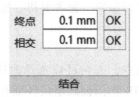

图 3-42　结合操作组

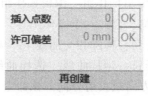

图 3-43　再创建操作组

1）插入点数：设置曲线的插入点数，按照此数目重新生成曲线。

2）许可偏差：设置许可偏差，重建曲线时自动计算插值点数目和点的分布，使重建的曲线与面片的偏差小于许可偏差。

任务三　焊枪外形的数模重构

【任务描述】

采用 HandySCAN 3D 手持式三维激光扫描仪对焊枪外形进行扫描，获取其外形的点云数据，通过对其进行数据处理，形成了焊枪外形的网格模型。

请问：如何将焊枪外形的网格模型转变成可编辑的三维 CAD 模型？

【任务实施】

一、焊枪外形数模重构思路

焊枪的实体外形如图 3-44 所示，其逆向建模思路如下：

1）. stl 数据（之前保存的扫描数据）导入。

2）领域分割：把零件的特征提取出来，方便后续步骤面片拟合及曲面剪切。

3）坐标系摆正：方便后续步骤摆正视角，以更好地建模。

4）手柄建模：手柄作为主体，应合理地将领域划分，利用面片拟合创建自由曲面，进行相互剪切，所有曲面创建完成后进行缝合，合并为实体，并将所建立的特征进行镜像。

5）喷头与弹簧盖建模：喷头与弹簧盖均为回转体，直接采用回转导向功能就可以完成，建成后与主体部分合并。

6）布尔运算：将手柄、喷头、弹簧盖的所有特征合成为一个实体。

7）导出数据。

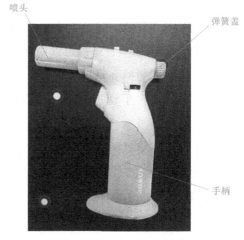

图 3-44　焊枪的实体外形

二、焊枪外形数模重构操作

1 . stl 数据导入

选择菜单栏中的"插入"→"导入"命令，在弹出的"导入"对话框中选择焊枪文件（. stl 格式），单击"仅导入"按钮，如图 3-45 所示。

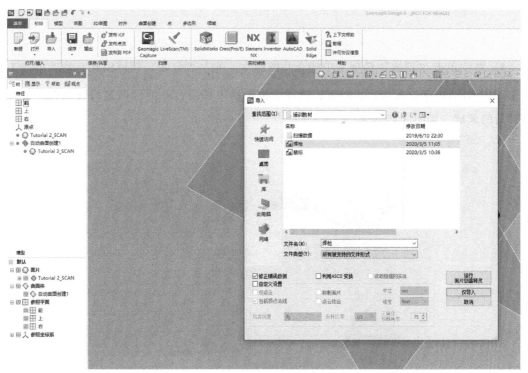

图 3-45　. stl 数据导入

2. 领域分割

1) 单击 "领域" 选项卡中的自动分割图标 ，进入 "自动分割" 领域模式，首先通过自动分割划分领域，参数设置如图 3-46 所示，见彩色插页。

2) 单击 "领域" 选项卡中的分割图标 ，进入 "分割" 领域模式，然后单击工具栏中的画笔图标 ，手动进行领域细化分割，得到分割后的领域，如图 3-47 所示，见彩色插页。

3) 单击 "领域" 选项卡中的合并图标 ，进入 "合并" 领域模式，然后单击工具栏中的矩形图标 ，按住<Shift>键，选择焊枪上部要合并的领域进行领域合并，得到合并后的领域，如图 3-48 所示。

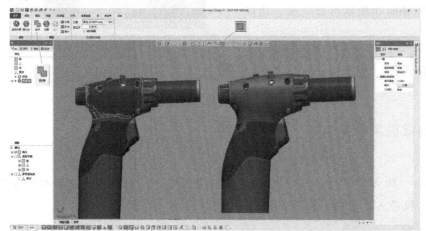

图 3-48 合并 (一)

E3-2 焊枪
合并 (一)

4) 继续单击 "领域" 选项卡中的合并图标 ，进入 "合并" 领域模式，然后单击工具栏中的矩形图标 ，按住<Shift>键，选择焊枪手柄中部要合并的领域进行领域合并，得到合并后的领域，如图 3-49 所示。

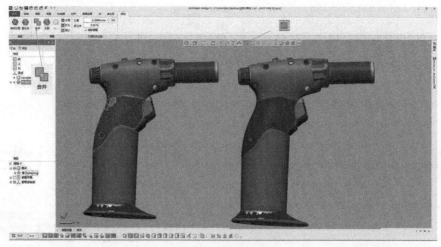

图 3-49 合并 (二)

5）继续单击"领域"选项卡中的合并图标 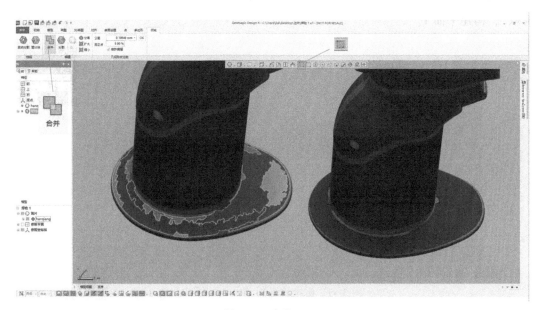，进入"合并"领域模式，然后单击工具栏中的矩形图标 ，按住<Shift>键，选择焊枪底部要合并的领域进行领域合并，得到合并后的领域，如图 3-50 所示。

图 3-50　合并（三）

6）继续单击"领域"选项卡中的合并图标 ，进入"合并"领域模式，然后单击工具栏中的矩形图标 ，按住<Shift>键，选择焊枪手柄细节处要合并的领域进行领域合并，得到合并后的领域，如图 3-51 所示。

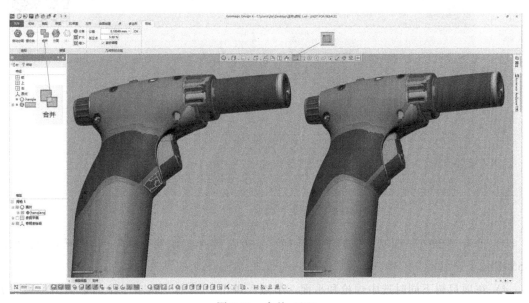

图 3-51　合并（四）

7）对每块领域进行合并操作后，最终得到合并后的领域，如图 3-52 所示，见彩色插页。

3. 坐标系摆正

1）单击"模型"选项卡中的平面图标⊞，要素选择如图 3-53 所示的领域，方法选择"提取"，构建平面 1。

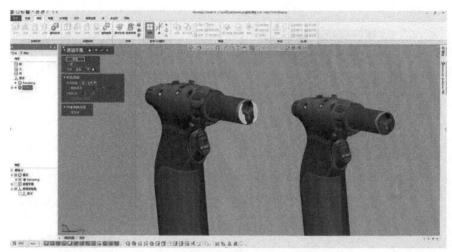

E3-3 焊枪
平面 1

图 3-53 构建平面 1

2）单击"模型"选项卡中的线图标✗，方法选择"检索圆柱轴"，单击选择喷头圆柱的四周，构建参考线 1，如图 3-54 所示。

E3-4 焊枪
参考线 1

图 3-54 构建参考线 1

3）单击"模型"选项卡中的平面图标⊞，方法选择"绘制直线"，构建平面 2，如图 3-55 所示。

4）在项目树下同时选中焊枪和平面 2 节点，单击"模型"选项卡中的平面图标⊞，方法自动选择"镜像"，构建平面 3，如图 3-56 所示。

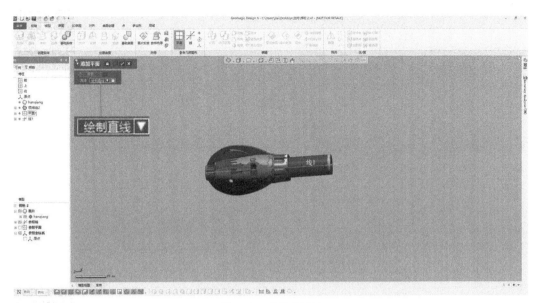

图 3-55 构建平面 2

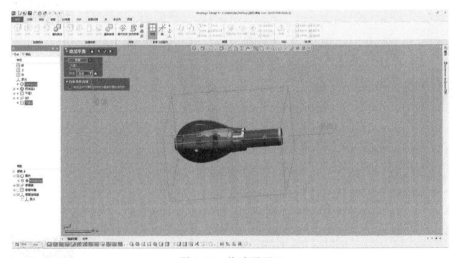

E3-5 焊枪
平面 3

图 3-56 构建平面 3

5）继续选中参考线 1 和平面 3，单击"模型"选项卡中的平面图标 ⊞，方法自动选择
"投影"，构建平面 4，如图 3-57 所示。

6）单击"对齐"选项卡中手动对齐图标 ，参数设置如图 3-58 所示，见彩色插页，
对齐以后删除非参考平面 1、2、4。

4. 逆向建模

1）单击"模型"选项卡中的面片拟合图标 ，选择如图 3-59 所示的高亮领域，得到
面片拟合 1。

2）继续单击"模型"选项卡中的面片拟合图标 ，选择如图 3-60 所示的高亮领域，
得到面片拟合 2。

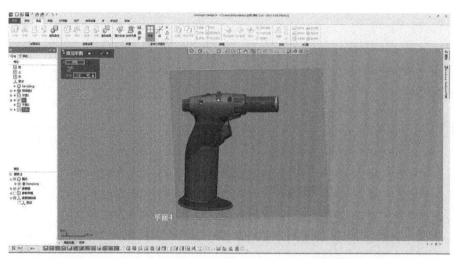

E3-6　焊枪
平面 4

图 3-57　构建平面 4

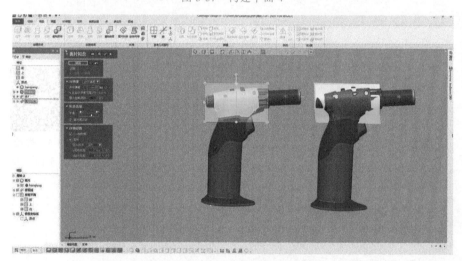

E3-7　焊枪
面片拟合 1

图 3-59　面片拟合 1

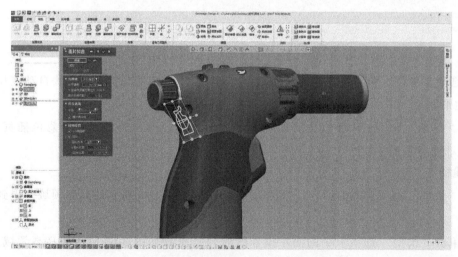

E3-8　焊枪
面片拟合 2

图 3-60　面片拟合 2

3）单击"3D草图"选项卡中的3D草图图标 ✗，在绘制操作组选择"样条曲线"，在两个拟合面上各绘制一条3D曲线，如图3-61所示。

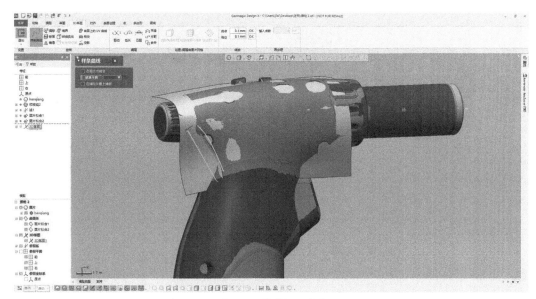

图3-61　绘制3D曲线

4）单击"模型"选项卡中的剪切曲面图标 ◈，在"剪切曲面"对话框中，工具要素选择上步创建的两条3D曲线，对象体选择前面拟合的两个曲面，得到剪切曲面1，如图3-62所示。

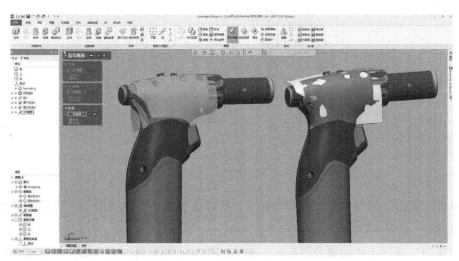

E3-9　焊枪
剪切曲面1

图3-62　剪切曲面1

5）单击"草图"选项卡中的面片草图图标 ✗，对称平面选择上平面，绘制2D面片草图1，如图3-63所示。

6）单击"模型"选项卡中的拉伸图标 ◻，基准草图选择"草图1"，参数设置如图3-64所示，得到拉伸1。

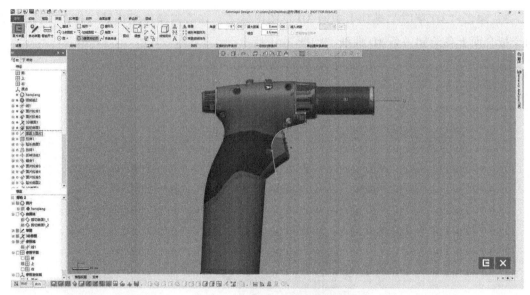

图 3-63　绘制 2D 面片草图 1

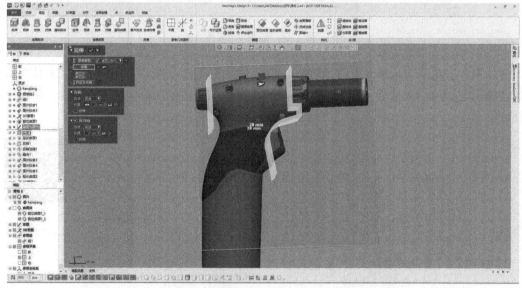

图 3-64　拉伸 1

7）继续单击"模型"选项卡中的放样图标 ，轮廓选择两曲面的边沿，最终得到放样 1，如图 3-65 所示。

8）单击"模型"选项卡中的缝合图标 ，选择如图 3-66 所示的 3 个曲面，将其缝合成一个曲面，得到缝合 1。

9）单击"模型"选项卡中的面片拟合图标 ，对所选择的高亮领域进行面片拟合，得到面片拟合 3，如图 3-67 所示。

10）单击"模型"选项卡中的面片拟合图标 ，对所选择的高亮领域进行面片拟合，得到面片拟合 4，如图 3-68 所示。

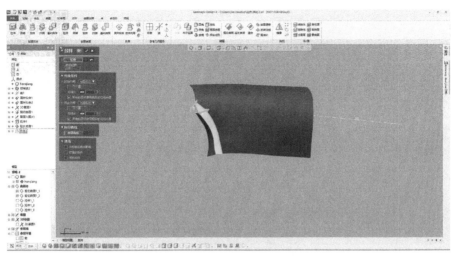

图 3-65 放样 1

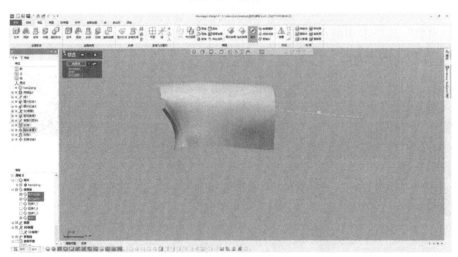

图 3-66 缝合 1

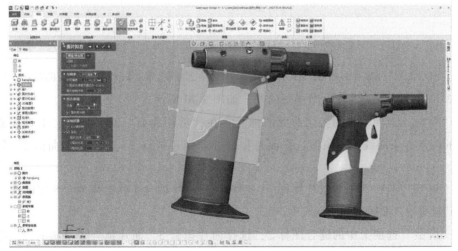

图 3-67 面片拟合 3

E3-13 焊枪
面片拟合 4

图 3-68 面片拟合 4

11）单击"模型"选项卡中的面片拟合图标 ，对所选择的高亮领域进行面片拟合，得到面片拟合 5，如图 3-69 所示。

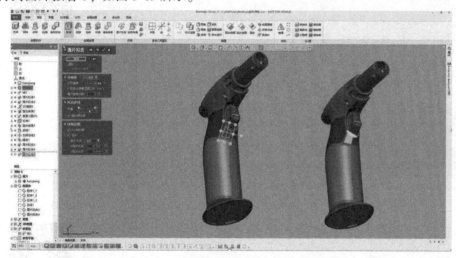

E3-14 焊枪
面片拟合 5

图 3-69 面片拟合 5

12）单击"3D 草图"选项卡中的 3D 草图图标 ，在绘制操作组选择"样条曲线"，然后在面片拟合 3 和面片拟合 5 上各绘制样条曲线，如图 3-70 所示。

13）单击"模型"选项卡中的剪切曲面图标 ，在"剪切曲面"对话框中，工具要素选择上步创建的两条样条曲线，对象体选择面片拟合 3 和面片拟合 5，得到剪切曲面 2，如图 3-71 所示。

14）单击"模型"选项卡中的放样图标 ，轮廓选择面片拟合 3 和面片拟合 5 中的两条边线，最终得到放样 2，如图 3-72 所示。

15）单击"模型"选项卡中的缝合图标 ，选择面片拟合 3、面片拟合 5 和放样 2，将其缝合为一个完整的曲面，得到缝合 2，如图 3-73 所示。

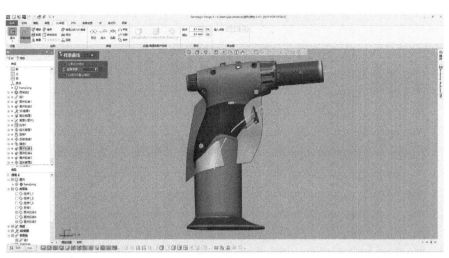

图 3-70 绘制样条曲线

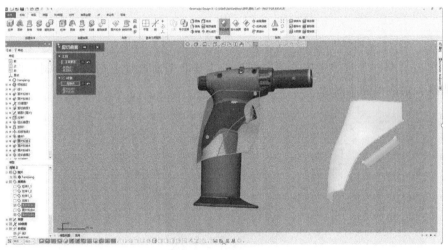

图 3-71 剪切曲面 2

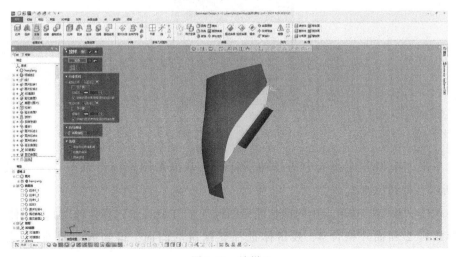

图 3-72 放样 2

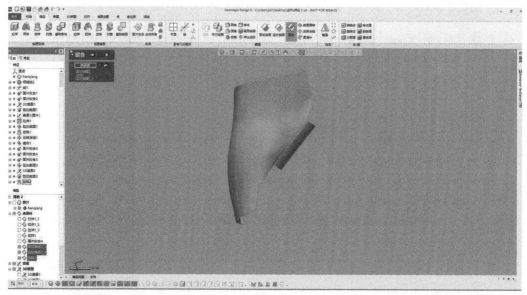

图 3-73　缝合 2

16）单击"草图"选项卡中的草图图标 ，基准平面选择上平面，绘制如图 3-74 所示的两条曲线，最终得到草图 2。

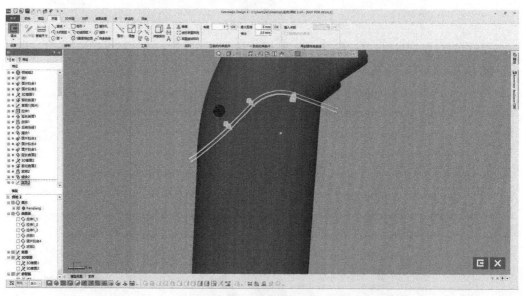

图 3-74　绘制草图 2

17）单击"模型"选项卡中的拉伸图标 ，基准草图选择"草图 2"，参数设置如图 3-75 所示，得到拉伸 2。

18）单击"模型"选项卡中的剪切曲面图标 ，工具要素选择拉伸 2-1 和拉伸 2-2，对象体选择放样 2 和面片拟合 4，残留体选择要保留的曲面，得到剪切曲面 3，如图 3-76 所示。

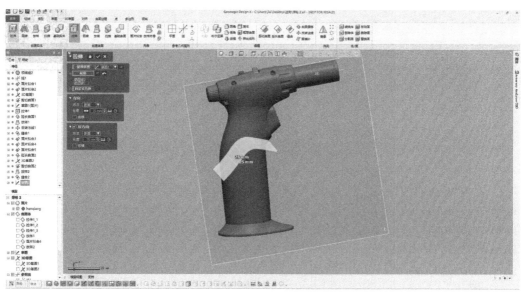

图 3-75　拉伸 2

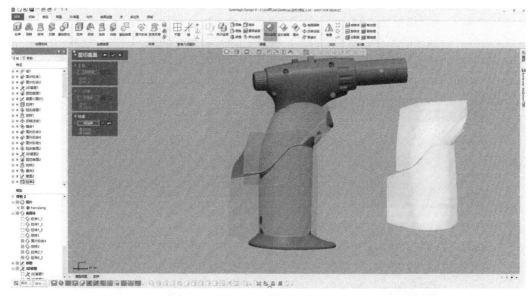

图 3-76　剪切曲面 3

19）单击"模型"选项卡中的放样图标 <img>，轮廓选择两曲面的边沿，按<Shift>键可以多次选取，参数设置如图 3-77 所示，最终得到放样 3。

20）单击"草图"选项卡中的草图图标 <img>，基准平面选择上平面，绘制如图 3-78 所示的两条曲线，最终得到草图 3。

21）单击"模型"选项卡中的拉伸图标 <img>，基准草图选择"草图 3"，参数设置如图 3-79 所示，得到拉伸 3。

22）单击"模型"选项卡中的剪切曲面图标 <img>，工具要素选择拉伸 3-1 和拉伸 3-2，对象体选择放样 1 和剪切曲面 3-2，残留体选择要保留的曲面，得到剪切曲面 4，如图 3-80 所示。

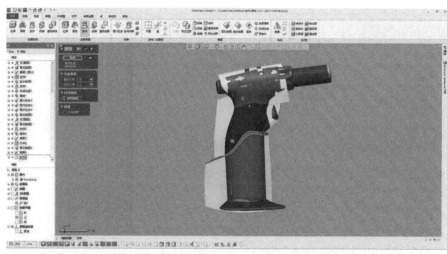

图 3-77 放样 3

图 3-78 绘制草图 3

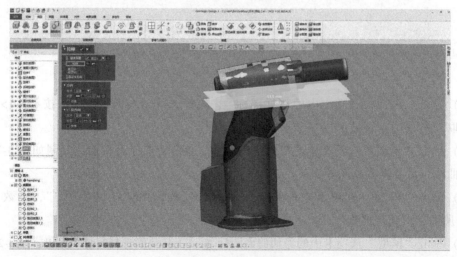

图 3-79 拉伸 3

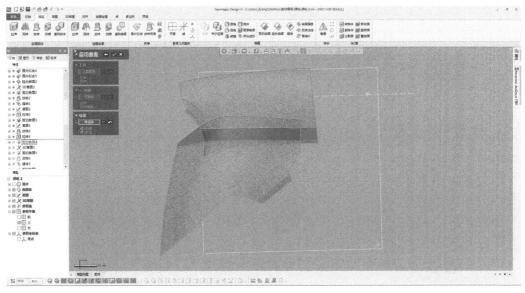

图 3-80　剪切曲面 4

23）单击"模型"选项卡中的放样图标 ，轮廓选择两曲面的边沿，按<Shift>键可以多次选取，参数设置如图 3-81 所示，最终得到放样 4。

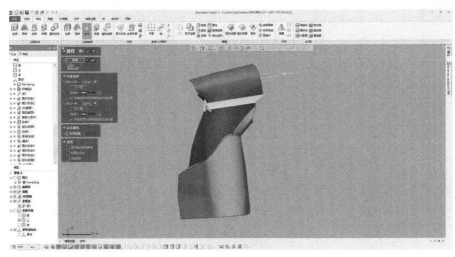

E3-16　焊枪
放样 4

图 3-81　放样 4

24）单击"模型"选项卡中的缝合图标 ◈，选择剪切曲面 4、放样 4、放样 3 和剪切曲面 3，将其缝合成一个曲面，得到缝合 3，如图 3-82 所示。

25）单击"模型"选项卡中的剪切曲面图标 ◈，工具要素选择上平面，对象体选择缝合 3 创建的曲面，残留体选择要保留的曲面，得到剪切曲面 6，如图 3-83 所示。

26）对剪切曲面 6 进行镜像，对称平面选择上平面，得到镜像 1，如图 3-84 所示。

用剪切曲面 6 和镜像 1 进行曲面缝合，得到曲面缝合 4-1。

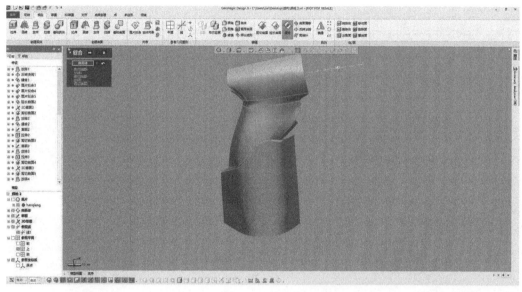

图 3-82　缝合 3

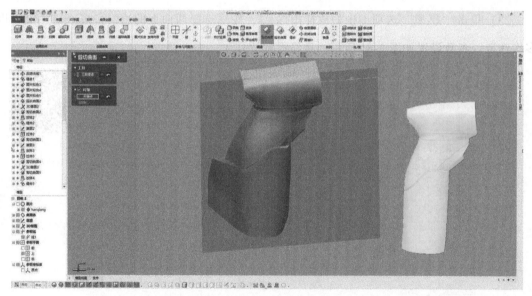

图 3-83　剪切曲面 6

27）单击"模型"选项卡中的面片拟合图标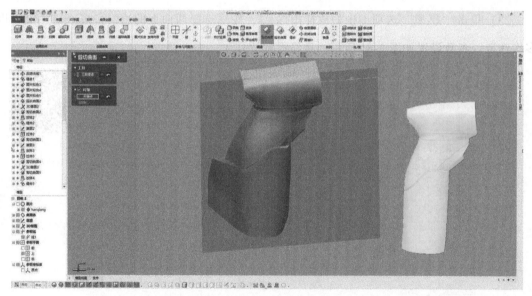，对所选择的高亮曲面进行面片拟合，得到面片拟合 6，如图 3-85 所示。

28）单击"草图"选项卡中的面片草图图标，基准平面选择底部领域，然后将基准平面向上偏移 0.5mm，进入草图，用"样条曲线"绘制底部外形轮廓，得到草图 4，如图 3-86 所示。

29）单击"模型"选项卡中的拉伸图标，基准草图选择"草图 4"，参数设置如图 3-87 所示，得到拉伸 4。

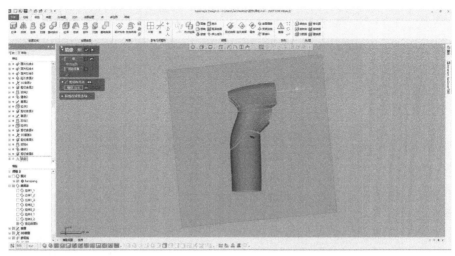

图 3-84　镜像 1

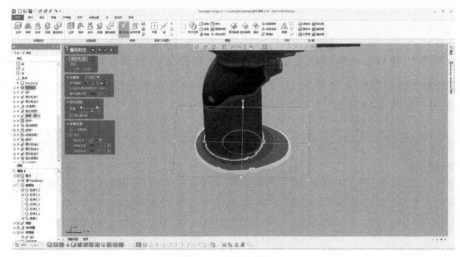

E3-17　焊枪
面片拟合 6

图 3-85　面片拟合 6

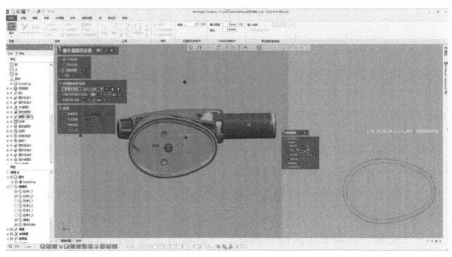

图 3-86　绘制草图 4

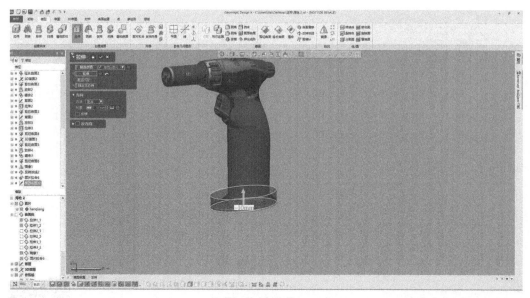

图 3-87　拉伸 4

30）单击"模型"选项卡中的剪切曲面图标 ，用拉伸 4 剪切面片拟合 6，得到剪切曲面 7；用剪切曲面 7 剪切拉伸 4 和镜像 1，得到剪切曲面 8；用剪切曲面 8 裁剪剪切曲面 7，得到剪切曲面 9，如图 3-88 所示。

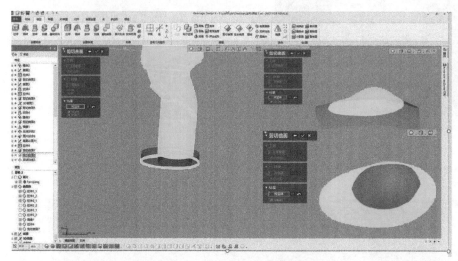

E3-18　焊枪
剪切曲面 7～9

图 3-88　剪切曲面 7、8、9

31）单击"模型"选项卡中的剪切曲面图标，将剪切曲面 8-2 和拉伸 1-1、拉伸 1-2 互相裁剪，得到剪切曲面 11，如图 3-89 所示。

32）单击"模型"选项卡中的面填补图标，对特征底部进行填补，如图 3-90 所示。

33）单击"模型"选项卡中的缝合图标，将所有裁剪好的曲面进行缝合，所得实体如图 3-91 所示。

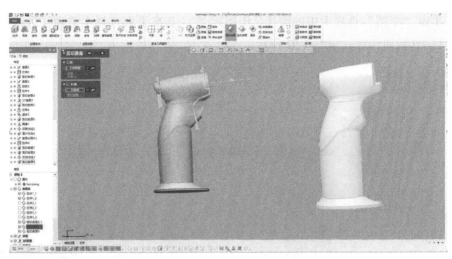

图 3-89　剪切曲面 11

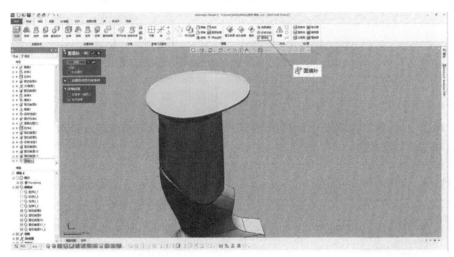

图 3-90　面填补

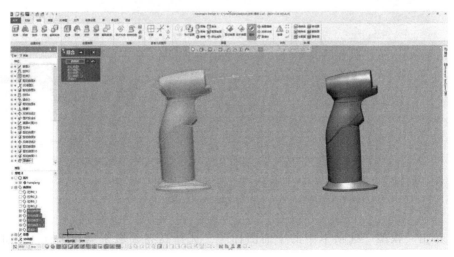

图 3-91　曲面缝合

34）单击"草图"选项卡中的面片草图图标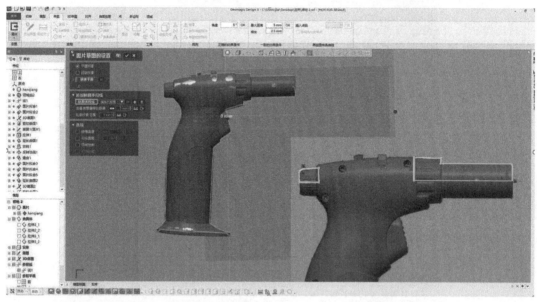，基准平面选择上平面，进入草图绘制面板，绘制 2D 截面轮廓，如图 3-92 所示。

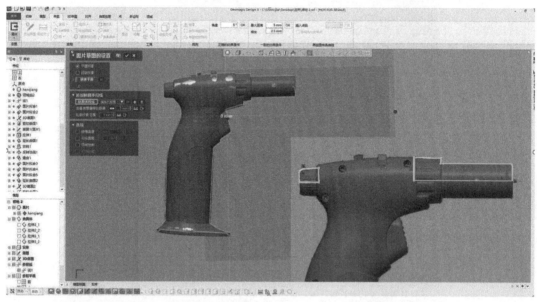

图 3-92　绘制 2D 截面轮廓

35）单击"模型"选项卡中的回转图标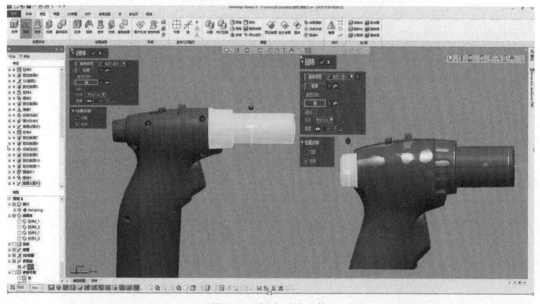，选择上步绘制的截面轮廓，所得回转实体如图 3-93 所示。

图 3-93　创建回转实体

36）单击"模型"选项卡中的平面图标，选择高亮领域来创建平面 1，如图 3-94 所示。

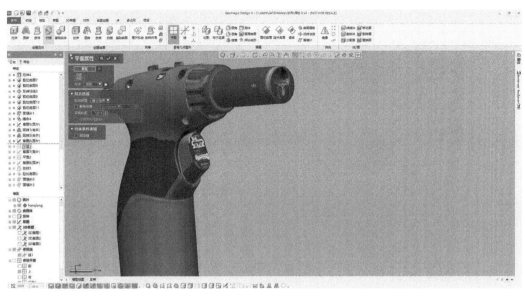

图 3-94　创建平面 1

37）单击"草图"选项卡中的面片草图图标 ✐，基准平面选择平面 1，进入草图绘制面板，绘制 2D 截面轮廓，如图 3-95 所示，见彩色插页。

38）将平面 1 向下偏移 6mm，获得平面 2。单击"草图"选项卡中的面片草图图标 ✐，基准平面选择平面 2，进入草图绘制面板，绘制 2D 截面轮廓，如图 3-96 所示，见彩色插页。

39）单击"模型"选项卡中的放样图标 ⬛，轮廓选择上面两步草图中绘制的 2D 截面轮廓，最终得到放样 5，如图 3-97 所示。

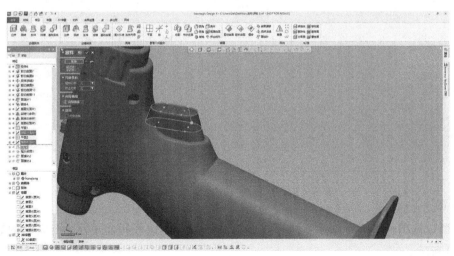

图 3-97　放样 5

E3-19　焊枪
放样 5

40）单击"模型"选项卡中的延长曲面图标 ◈，将放样 5 的曲面向下延长 8mm，如图 3-98 所示。

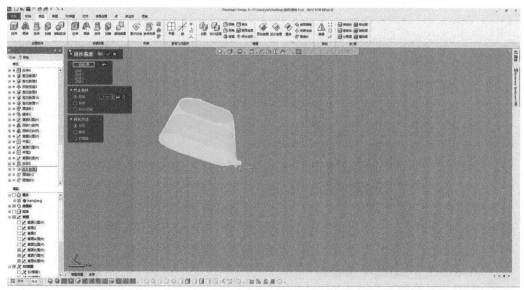

图 3-98　延长曲面

41）单击"模型"选项卡中的面填补图标 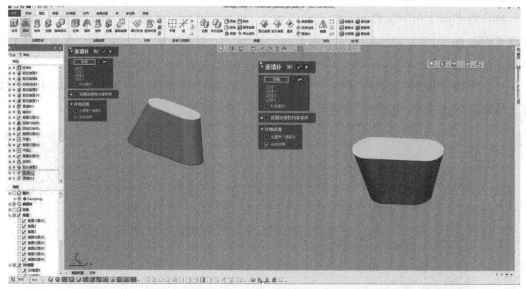 面填补 ，对上步创建曲面的上下面进行填补，所得实体如图 3-99 所示。

图 3-99　面填补

5. 布尔运算

单击"模型"选项卡中的布尔运算图标 ，选择所有实体，将其合并为一个完整的数据，如图 3-100 所示。

6. 导出数据

1）数模重构完成，结果如图 3-101 所示。

2）最终得到一个完整的 CAD 数模，如图 3-102 所示。

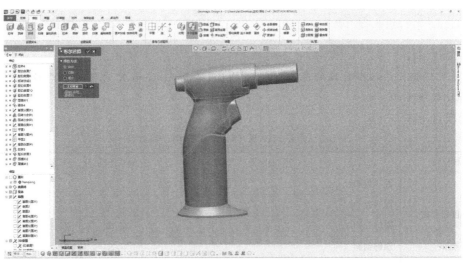

图 3-100　布尔运算

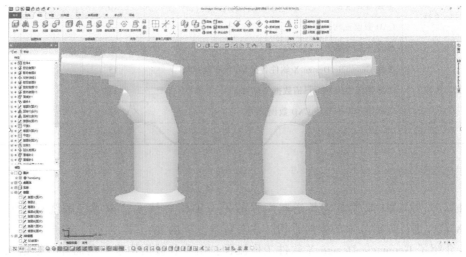

图 3-101　结果

图 3-102　最终 CAD 数模

项目训练与考核

1. 项目训练

在处理焊枪三维扫描数据的基础上，运用 Geomagic Design X 软件进行焊枪外形坐标对齐与 CAD 数模重构。

2. 项目考核卡（表 3-2）

表 3-2　坐标对齐与 CAD 数模重构项目考核卡

考核项目	考核内容	参考分值/分	考核结果	考核人
素质目标考核	遵守规则	5		
	课堂互动	5		
	团结合作	10		
	理解创新	5		
知识目标考核	Geomagic Design X 软件操作命令	10		
	坐标对齐过程	10		
	CAD 数模重构过程	10		
	焊枪外形数模重构的步骤	5		
能力目标考核	掌握 Geomagic Design X 软件各操作命令的功能	15		
	能够操作焊枪外形扫描数据坐标对齐	10		
	能够操作焊枪外形 CAD 数模重构	15		
总计		100		

项目小结

坐标对齐与 CAD 数模重构是逆向工程的另一项核心技术，本项目围绕运用 Geomagic Design X 软件进行焊枪外形的数模重构，主要包含以下内容：

1）介绍了 Geomagic Design X 软件工作流程：由点云数据构建三角面片，根据三角面片的几何特征重新分割领域组；在领域组中进行特征识别，编订几何特征，构建 NURBS 曲面；以实体的方式建立产品的数字化模型，导入三维建模软件出工程图样。

2）介绍了坐标对齐方法：扫描数据对齐、目标对齐、球体对齐等；介绍了运用 Geomagic Design X 进行 CAD 数模重构的主要命令。

3）介绍了焊枪外形逆向建模思路及其数模重构的步骤：.stl 数据导入→领域分割→坐标系摆正→逆向建模→布尔运算→导出数据。

思考题

3-1　在进行 CAD 数模重构之前需要注意哪些事项？

3-2　CAD 数模重构的一般步骤有哪些？

3-3　领域分割需要注意哪些事项？

3-4　对称平面应该如何创建？

项目四　Geomagic Control数据分析与检测

教学导航

项目名称	Geomagic Control 数据分析与检测	
教学目标	1. 了解 Geomagic Control 软件的工作流程、主要功能和基本操作 2. 掌握数据分析的方法与步骤 3. 学会创建和阅读 Geomagic Control 检测报告	
教学重点	1. Geomagic Control 数据分析方法与步骤 2. 创建和阅读 Geomagic Control 检测报告	
工作任务名称	主要教学内容	
	知识点	技能点
任务一　Geomagic Control 软件认知	1. Geomagic Control 软件基本介绍 2. Geomagic Control 软件的工作流程	1. 了解 Geomagic Control 软件的工作流程 2. 掌握 Geomagic Control 软件各操作命令的功能
任务二　板类零件 Geomagic Control 数据分析与检测	坐标对齐、数据分析检测和创建检测报告的方法	能够进行板类零件的 Geomagic Control 数据分析与检测，能够创建和阅读检测报告
教学资源	教材、视频、课件、设备、现场、课程网站等	
教学(活动)组织建议	1. 教师讲解 Geomagic Control 软件各操作命令的功能，学生听课 2. 学生练习 Geomagic Control 软件各操作命令的使用，教师指导 3. 教师讲授板类零件的 Geomagic Control 数据分析与检测步骤，学生听课 4. 学生练习板类零件的 Geomagic Control 数据分析与检测，教师指导 5. 教师讲授创建和阅读 Geomagic Control 检测报告的步骤，学生听课 6. 学生练习创建和阅读 Geomagic Control 检测报告，教师指导 7. 教师总结	
教学方法建议	讲练结合、案例教学等	
考核方法建议	根据学生对板类零件 Geomagic Control 数据分析与检测的掌握情况，及其学习态度进行现场评价	

任务一　Geomagic Control 软件认知

【任务描述】

　　已通过三维扫描仪获取了被扫描样件的三维数据，请问：如何利用 Geomagic Control 软件分析被扫描样件的有关尺寸和几何公差？

89

【相关知识】

一、Geomagic Control 软件基本介绍

1. 启动 Geomagic Control 软件

双击桌面上的 Geomagic Control 图标 ，启动 Geomagic Control 应用程序；也可选择"开始"→"程序"→"Geomagic Control"菜单命令，启动 Geomagic Control 软件。

2. Geomagic Control 软件界面功能

启动 Geomagic Control 软件后，其主界面如图 4-1 所示。

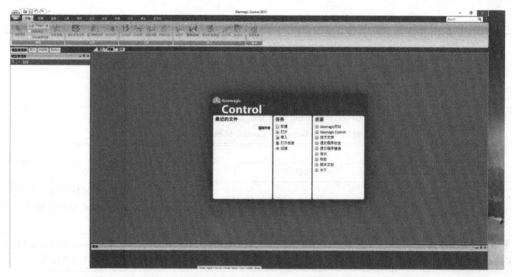

图 4-1 Geomagic Control 主界面

（1）Geomagic Control 按钮 单击 Geomagic Control 按钮，功能菜单展开如图 4-2 所示。主要功能有新建、打开、导入、保存及另存为。

单击图 4-2 中按钮菜单右下角的"选项"按钮，弹出"选项"对话框，如图 4-3 所示，可对默认打开目录、默认保存目录、当前语言、显示尺寸和各项命令进行设置。单击图 4-2 中按钮菜单右下角的"自定义"按钮，弹出"自定义"对话框，如图 4-4 所示，可对功能区各选项卡、操作组和鼠标右键菜单中的命令进行设置，还可对常用命令设置快捷键（热键）。

（2）快速访问工具栏 快速访问工具栏位于 Geomagic Control 主界面的左上角，一般包含四个默认命令：打开、保存、撤销、重复，如图 4-5 所示。

图 4-2 Geomagic Control 按钮菜单

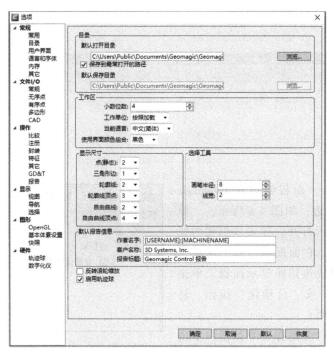

图 4-3　"选项"对话框

图 4-4　"自定义"对话框

（3）Ribbon 界面　Ribbon 界面位于 Geomagic Control 主界面的顶部，如图 4-5 所示，为应用程序提供功能入口，且各个功能命令被分在多个选项卡里。在 Geomagic Control 中激活一个数据类型时，Ribbon 界面中将出现相应的选项卡并被激活。

（4）选项卡　选项卡中汇集了 Geomagic Control 中的各种命令，且各个命令又被归类为工具栏的各个操作组中，如图 4-5 所示。

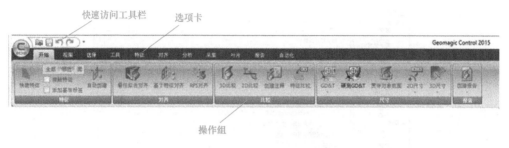

图 4-5　Ribbon 界面

（5）面板窗口　面板窗口在 Geomagic
Control 主界面的左边，如图 4-6 所示。"模
型管理器"面板显示打开、导入或创建的模
型对象的相关信息。在面板窗口的上部单击
相应的选项卡可以快速切换显示面板。单击
"显示""对话框"或"自动化"按钮，将
出现相应的面板界面。

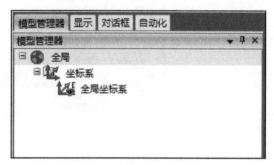

图 4-6　面板窗口

在面板窗口的右上角有三个按钮。单击
图 4-6 中的按钮 ✕ ，将关闭当前所显示的
面板。建议不要关闭任何默认的面板，如果不小心关闭了，可单击"视图"菜单下的"面
板显示"命令，在菜单中选择所关闭的面板，再次显示。

单击图 4-6 中的按钮 ⇧ ，将使所有面板自动隐藏到软件界面的左边，所有面板的名称
显示在软件界面左边的边界上，指针停留在这些名称上时，将使相应的面板临时显示出来。
当面板显示出来时，再次单击按钮 ⇧ 将使面板恢复到默认状态。

单击图 4-7 中的箭头按钮 ▼ ，
将弹出如图 4-7 所示的下拉菜单，
显示面板的状态，改变选中的选
项，面板的状态也随之改变。面
板状态的选项包括：

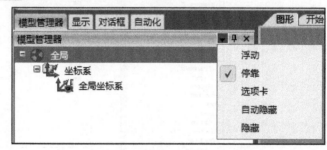

图 4-7　面板状态

浮动——面板为浮动窗口的
形式，可移动到界面中的任何
位置。

停靠——默认状态，面板被固定在程序窗口。

选项卡——可把活动面板移到选项卡栏中的指定位置。

自动隐藏——所有面板自动隐藏到软件界面的左边，所有面板的名称显示在软件界面左
边的边界上，指针停留在这些名称上时，将使相应的面板临时显示出来。

隐藏——隐藏（关闭）活动面板。

下面对四个面板进行简要介绍。

1）模型管理器面板。模型管理器面板里包括所有创建或者导入的对象，右键菜单显示

的命令与所选模型树里对象的数据类型有关。对象数据前面带"+"号，表示在该对象里面还有可以展开的嵌套对象，在模型树里的项目都可以重命名、删除、保存或新建组。

2）显示面板。在显示面板中可以设置图形区域的显示，显示面板中包含四个伸缩组：常规、几何图形显示、光源、覆盖。单击"伸缩组"的标题栏时，伸缩组能够展开或者收缩。

① 常规伸缩组。常规伸缩组包含的主要设置项有：全局坐标系、坐标轴指示器、边界框、透明度滑块控制、视图剪切滑块控制。单击选项框可以打开或关闭对应的设置项。其中，两个滑块控制的操作和作用如下。

透明度滑块控制：选中"透明"复选框，可拖动滑块来改变激活对象的透明程度。透明度滑块控制在数据类型为多边形或 CAD 模型时有效，点云数据则不可更改透明度。

视图剪切滑块控制：选中"显示剪切平面"复选框，可拖动滑块来改变视图"裁剪平面"的位置，部分对象被裁剪（从视图中隐藏），利用此功能可观察封闭对象的内部结构。

② 几何图形显示伸缩组。在几何图形显示伸缩组中包含多个选框，被选中或取消的选项将会在图形区域中显示或隐藏，可试着选中或取消其中的选框观察图形区域的变化，观察完之后把选框恢复到默认状态。建议不要改变默认选项。

③ 光源伸缩组。在光源伸缩组中可以将光源数量设置为 1～4 个，还可以用滑块来改变"环境""亮度""反射率"的设置。通过这些设置，可将显示状态调整到最适合的状态。也可单击"重置"按钮调回到默认设置状态。

④ 覆盖伸缩组。覆盖伸缩组可控制图形区域左下角的可见信息，选中选项前的选框，将使相应的信息在图形区域中显示出来。其中，"模型信息"显示当前活动对象所有元素（点、多边形等）的总数和被选中元素的数量；"边界框尺寸"显示活动对象边界框的大小。建议保持"模型信息"打开，这个信息在编辑对象时非常有用。

3）对话框面板。对话框面板在命令被激活时自动显示出来，如果没有命令被激活，则该面板是空的。

当对话框面板被命令激活后，若切换到了另外一个面板，这时就不能使用该面板中的其他功能命令，必须回到对话框面板，结束当前命令再继续。

4）自动化面板。使用 Geomagic Control 检测工件时，软件将记录使用过的功能和命令，从基准的创建和对齐，到横截面、3D 比较和生成报告，用户能够通过自动化面板看到已经执行了哪些步骤。

在检测结束时，保存的文件为 Geomagic（.wrp）格式，这样不仅保存了检测的结果，而且保存了所有的自动化信息。如果希望再次检测同样的工件，使用新样件的扫描数据，只要载入新的数据并单击自动化功能按钮，同样的检测标准将应用到新的数据中。当需要检测同一产品的多个样件时，通过记录第一个工件的检测过程，并将其他样件的扫描数据放在同一个文件夹下，利用自动化功能下的"批处理"命令就可将文件夹里的数据按照第一个工件的检测标准自动完成检测。这将大大缩短检测的时间，加速产品上市，使企业在市场竞争中处于优势地位。

（6）图形区域　图形区域上面的"开始"引导卡可提供快速功能入口，主要功能有：①建立一个新文件；②打开和导入外部数据文件；③连接到因特网上的 Geomagic 资源。

当在 Geomagic Control 中打开一个文件时，图形区域将自动切换到"图形"引导卡，如

图 4-8 所示。

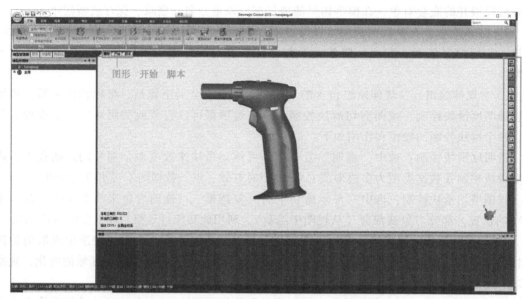

图 4-8 "图形"引导卡

（7）右侧工具栏 右侧工具栏包含常用的导航快捷方式和选择命令，位于图形区域右侧，如图 4-8 所示。

右侧工具栏中各按钮的功能如下：

1）▣——预定义视图。单击"预定义视图"按钮，弹出视图选项条▣▣▣▣▣▣▣，依次为"等测视图""后视图""前视图""右视图""左视图""仰视图"和"俯视图"。"预定义视图"与"全局坐标系"是正交关系。

2）▣——着色。单击"着色"按钮，弹出着色选项条▣▣▣，依次为"平滑着色"和"平面着色"。"平滑着色"命令通过实际对象的"漫反射"效果使得对象显示更加平滑；"平面着色"则更真实地反映对象本身形态。

3）▣——切换所有特征。用来切换所有特征在图形区域显示与否。

4）▣——适合视图。使模型在图形区域适当显示。

5）▣——切换动态旋转中心。把旋转中心设置在鼠标单击的地方。

6）▣——矩形选择工具。使用矩形工具在对象上进行选择。

7）▣——椭圆选择工具。使用椭圆工具在对象上进行选择。

8）▣——直线选择工具。使用一段有宽度的直线工具在对象上进行选择，此命令不能用于点云数据的选择。

9）▣——画笔选择工具。使用画笔工具在对象上进行选择。

10）▣——套索选择工具。使用套索工具在对象上进行选择。

11）▣——自定义区域选择工具。使用多段线封闭的一个区域工具在对象上进行选择。

12）![icon]——选择可见。选择视图中可见的对象。

13）![icon]——选择贯通。能选择到所选范围内的所有对象，包括被遮住的不可见对象。

14）![icon]——选择背面。可在对象的背面进行选择。

3. 鼠标功能

Geomagic Control 软件操作需要使用三键鼠标，这样有利于提高操作效率。各鼠标键的操作作用见表4-1。

表 4-1　各鼠标键的操作作用

鼠标键		操作作用
左键	左键	单击选择界面中的功能键和激活对象的元素 单击并拖拉激活对象的选中区域
	Ctrl+左键	取消单击并拖拉激活对象的选中区域 执行与左键相反的操作
	Alt+左键	调整亮度
	Shift+左键	设置为激活模型（需同时处理几个模型时）
中键	滚轮	缩放——将光标放在要缩放的位置上,滚动滚轮即可放大或缩小视图; 将光标放在数字栏中,滚动滚轮即可增大或减小数值
	中键	单击并拖动对象在视图中旋转（移动相机） 单击并拖动对象在坐标系中转动（移动模型）
	Ctrl+中键	设置多个激活对象（必须是同一类型模型）
	Alt+中键	移动模型
	Shift+Ctrl+中键	平移模型位置
右键	右键	单击获得右键菜单
	Ctrl+右键	旋转
	Alt+右键	平移
	Shift+右键	放大、缩小

二、Geomagic Control 软件的工作流程

Geomagic Control 软件界面功能和基本操作在前面已经基本介绍，这里将着重介绍 Geomagic Control 进行数据分析与检测的具体工作流程，如图 4-9 所示。其主要分为七个步骤，各步骤的详细操作如下：

1. 加载数据

单击"开始"标签页，在工具栏单击"打开"按钮，或者选择"Geomagic Control"（图标）→"导入"菜单命令。选择需要导入的 CAD 对象或扫描数据（通过 HandySCAN 扫描系统直接获取），也可以直接拖拉至软件里面。在打开或导入首个 CAD 模型时，Geomagic Control 自动地将 CAD 文件定义为参考对象，即理论数据；把导入的 .stl 数据设置为 "Test"，即被测对象，数据导入界面如图 4-10 所示。

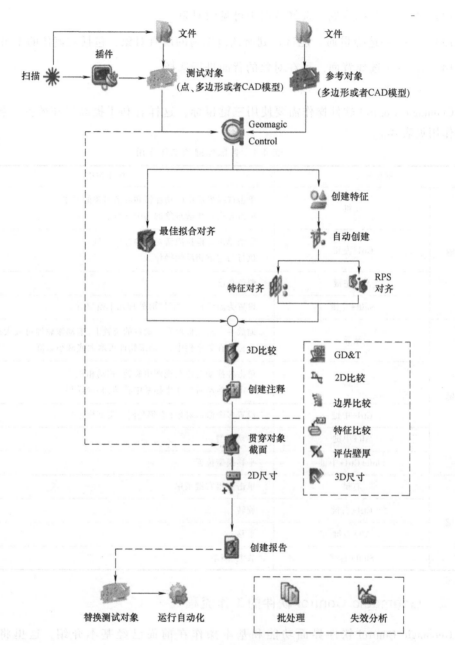

图 4-9　Geomagic Control 软件的工作流程

2. 创建特征

创建的特征可以应用于各种操作，如对齐、尺寸分析和比较；可以分别在参考（REF）对象和测试（TEST）对象上创建各种特征；在有足够扫描数据的前提下，也可以把在参考对象上创建的特征自动地创建在测试对象上。创建特征常用工具图标见表 4-2。

在"模型管理器"面板内单击选择参考对象，激活 CAD 对象，即可在图形区域内仅显示参考对象，选择"特征"→"快捷特征"菜单命令或者选择"开始"→"特征"→"快捷特征"菜单命令创建特征，仅能在 CAD 对象上使用快捷特征命令。

表 4-2　创建特征常用工具图标

图标	特征	图标	特征
╱	直线	●	点
◯	圆	●	球体
⬭	椭圆槽	▲	圆锥体
▭	矩形槽	▮	圆柱体
⬭	圆形槽	▱	平行面
⊘	点目标	▱	平面
⅄	直线目标		

1）创建如图 4-11 所示的平面，选择视图中的表面，在选择的表面上创建平面特征。

图 4-10　数据导入界面

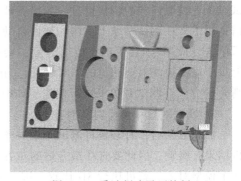

图 4-11　手动创建平面特征

2）如果需要创建基准标签（DRF），则可以勾选"添加基准标签"复选框。如此，该特征也能够在创建 GD&T 命令时当作基准参考使用，如图 4-12 所示。

3）创建如图 4-13 所示的圆柱体，选择视图中的表面，在选择的表面上创建圆柱体特征。按住 <Ctrl+Z>可以撤销之前创建的特征。

图 4-12　添加基准标签

4）在所有的特征都定义好后，按<Esc>键退出该命令。更加全面地创建特征命令，可以单击"特征"→"自动创建"或单击"开始"→"特征"→"自动创建"，如图 4-14 所示。

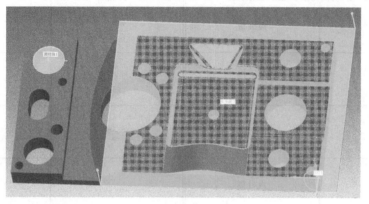

图 4-13　手动创建圆柱体特征

图 4-14　自动创建特征

该命令可尝试自动地在测试对象的同一位置上生成参考对象上绿色的特征（软件中显示颜色），如图 4-15 所示。绿色的特征表示它拥有足够的重构信息，从而使得系统能够在测试对象上提取同样的特征信息。如果特征是橙色的，则不可自动生成，因为没有足够的创建信息用于其在测试对象上重构。软件自动在测试对象上创建参考对象上所有绿色的特征，然后单击"应用"。在单击"应用"后，会执行一次"最佳拟合对齐"命令，使得测试对象上每个点都被映射至相应的 CAD 表面。在完成对齐和映射后，特征也会以映射（一致性原则）的方式在测试对象上进行创建，如图 4-16 所示。最后，单击"确定"，退出对话框。

3. 测试对象和参考对象对齐

加载数据后，有必要将测试对象对齐到参考对象上。选择不同的对齐方法将对后面的分析结果有影响，因此要选择最合适的对齐方式，这对要执行的检测类型是非常重要的。一旦两个模型对齐，就可执行 3D 比较，进入分析阶段。

（1）最佳拟合对齐　单击"对齐"→"对象对齐"→"最佳拟合对齐"或单击"开始"→"对齐"→"最佳拟合对齐"，首先出现"最佳拟合对齐"对话框，如图 4-17 所示。"采样大小"为"300"，表示 Geomagic Control 将使用 300 个随意选取的点，获得初始的定位。当第

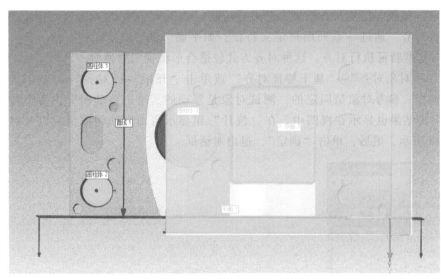

图 4-15　参考对象

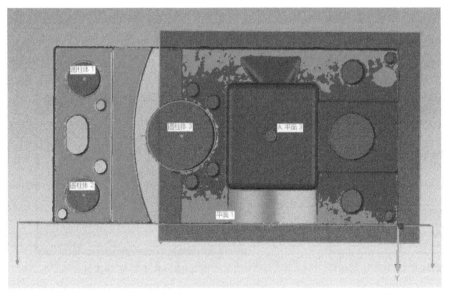

图 4-16　测试对象

一步通过后，"采样大小"将自动增加到"1500"，并自动激活"只进行微调"选项，完成精确对齐。单击"应用"按钮，开始对齐进程。

　　勾选"选项"中的"自动消除偏差"，可以消除已知的不完美数据，这些数据会降低对齐精度。在初始对齐后，激活该选项，系统会忽略明显偏离参考模型的点。"消除偏差"比例决定了忽略点的误差极限，较低的设置将忽略少量的点，获得较大的误差；较高的设置会忽略较多的点，获得较小的误差。

　　计算完成后，模型正确地对齐了。对话框的"统计"部分列出了两个对象间的平均偏差。为了使拟合结果更精细，可以调整"消除偏差"滑块来忽略一些远距离的偏差点。在拖动"消除偏差"滑块后，单击"应用"按钮重新开始计算，统计部分数字也会随之更新。

最后，单击"确定"按钮，接受对齐结果，退出对话框。

（2）基于特征对齐 通过一系列用户定义特征，如平面、轴、点、圆柱、槽、孔、面和边，匹配或配对这些特征执行对齐。这种对齐方式较适合形状规则的模型。

单击"对齐"→"对象对齐"→"基于特征对齐"或单击"开始"→"对齐"→"基于特征对齐"执行对齐操作。参考对象是固定的，测试对象是浮动的。单击自动图标，每个特征自动组对，对齐后的结果也显示在视图中。在"统计"组显示自由度的约束情况以及对齐的偏差，如图 4-18 所示。最后，单击"确定"，退出对话框。

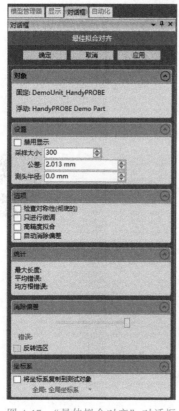

图 4-17 "最佳拟合对齐"对话框

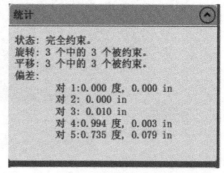

图 4-18 基于特征对齐统计

4. 对测试对象和参考对象进行 3D 分析

1）在对齐完成后，进行 3D 偏差分析。单击"分析"→"比较"→"3D 比较"或者单击"开始"→"比较"→"3D 比较"，然后，单击"应用"按钮，开始进行分析。运行完成后，图形区域内会显示一个偏差色谱图对象。根据需求改变色谱偏差值，可设置"最大临界值""最大名义值""最小名义值""最小临界值"，如图 4-19 所示。在对应文本框中输入一个数值后，按<Enter>键，图形区域实时更新结果对象颜色，如图 4-20 所示，见彩色插页。

最后，单击"确定"按钮，退出对话框。在"模型管理器"面板内创建一个 3D 比较对象，也称为结果对象。将最后生成的 3D 比较对象指定为结果对象，并用于生成报告，如图 4-21 所示。

2）单击"分析"→"比较"→"创建注释"或单击"开始"→"比较"→"创建注释"，在图形区域底部会显示一张表格，其中包含创建注释的所有信息。单击"注释类型"下的偏差图标，将指针置于图形区域内，按住鼠标左键并拖拉到一个理想的放置注释的位置，释放鼠标左键即可创建注释，如图 4-22 所示，见彩色插页。

　　若要重新放置注释，将指针放置在注释上，按住鼠标左键并拖拉注释到一个新的位置即可。一个激活的注释以红色加亮显示，使用 <Delete> 键可以删除激活的注释。

　　若要保存当前视图并创建新的注释，单击"视图控制"下的保存图标，保证当前视图与生成报告中的视图一致；单击"视图控制"下的新建/复制图标，创建新的注释视图，如图 4-23 所示。

　　若要编辑注释显示，单击"编辑注释"下的"编辑显示"，如图 4-24 所示，将"编辑显示"对话框内的"偏差 Dx、Dy、Dz"取消，单击"确定"按钮完成操作。

5. 几何公差分析——创建 GD&T 标注

　　创建 GD&T 标注命令提供了在 CAD 参考对象上定义几何公差的工具，使用这些标注可以定义 13 种几何公差，用于控制指定尺寸的形状和位置；然后使用评估标注命令，在扫描数据上拟合，并产生反馈值。几何公差项目及符号见表 4-3。

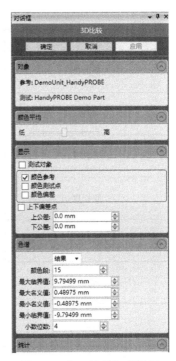

图 4-19　"3D 比较"对话框

图 4-21　结果对象

图 4-23　"创建注释"对话框

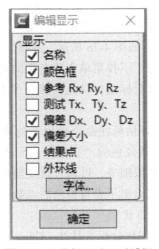

图 4-24　"编辑显示"对话框

表 4-3　几何公差项目及符号

几何公差项目	符号	几何公差项目	符号
平面度	▱	圆柱度	⌭
圆度	○	位置度	⊕
垂直度	⊥	平行度	∥
倾斜度	∠	全跳动	⌰
线轮廓度	⌒	圆跳动	↗
面轮廓度	⌓	直线度	—
同轴度	◎		

1）若在参考对象的基准 A 面上定义一个平面度，单击"分析"→"尺寸"→"GD&T"→"创建 GD&T 标注"或单击"开始"→"尺寸"→"GD&T"→"创建 GD&T 标注"，如图 4-25 所示。如有必要，可改变视图控制组。若想获得更多的细节，可参考在线帮助（放置指针在对话框上并按<F1>)键 。单击"类型"下的平面度图标，放置指针在参考对象的基准 A 面上，按住鼠标左键并拖拉指针到图形区域中放置标注的位置，然后释放鼠标左键。为了在参考对象上过滤选择特征，单击表 4-2 中所列的对应图标进行操作。

在"平面度"组指定平面标注参数，定义"公差"为"0.05mm"，公差值定义了公差带的宽度；定义"体外孤点 Sigma"为"3.0"，体外孤点 Sigma 指定了测试对象上将要使用的点的 Sigma 值，之外的点在评估中将被忽略。单击"下一个"按钮，接受标注。

2）若在参考对象的指定面上定义一个垂直度，单击"类型"下的垂直度图标，放置指针在参考对象的指定面上；定义"公差"为"0.05mm"；在"基准参考框"的下拉菜单中选"A"，如图 4-26 所示，在该下拉菜单中可获得的基准是预先使用创建特征命令定义的，并且使用了下拉菜单中预定义的名称；定义"体外孤点 Sigma"为"3.0"。单击"下一个"按钮，接受标注。以此类推，平行度、位置度、轮廓度等几何公差项目定义的操作与此类似。

3）评估标注命令被用于处理由创建标注命令定义的 GD&T 标注。评估标注用绿色的"通过"或红色的"失败"指示器显示定义的几何公差评估结果。为了更好地查看导致特征失败的区域细节，可通过改变输出来显示色谱，以便进一步检测结果。在图形区域中，以表格的形式给出了参与检测的点数、发现的体外孤点数和失败的点数，示例见表 4-4。

6. 2D 比较

除了 3D 分析工具外，Geomagic Control 还提供 2D 分析工具，从截面提取信息，用于检测报告。2D 比较命令允许采用贯穿结果对象的截面，并使用须状图显示偏差。此外，使用

"贯穿对象截面"命令，可穿过参考对象和测试对象来创建截面。一旦创建了穿过测试对象的截面，使用"创建2D尺寸"命令，可在截面上创建尺寸，尺寸类型见表4-5。

图 4-25 定义平面度

图 4-26 定义垂直度

表 4-4 评估标注示例

名称	公差	测量值	#点	#体外孤点	#通过	#失败	最小值	最大值	额外公差	注释	结果
位置度 3	.030	.012	896	不适用	不适用	不适用	不适用	不适用	.000		通过
垂直度 1	.015	.019	2101	8	2027	66	-.010	.010	.000		失败
平行度 2	.020	.020	1812	4	1805	3	-.010	.010	.000		失败
面轮廓度 4	.040	.024	1332	7	1325	0	-.012	.005	.000		通过

表 4-5 尺寸类型

图标	尺寸类型	图标	尺寸类型
⊢→⊣	水平	 ↕	垂直
⌐	半径	⌀	直径
�	角度	↗	平行

（续）

图标	尺寸类型	图标	尺寸类型
✛	2 点	✛A	文本

由这些命令创建的一系列 2D 视图，随后都能被生成到检测报告中，如图 4-27 和图 4-28 所示。

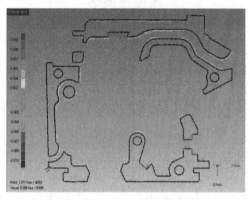

图 4-27　2D 比较

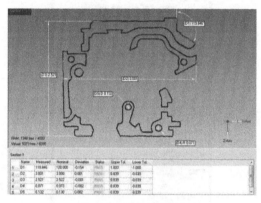

图 4-28　2D 尺寸创建

7. 生成检测报告

该命令可输出检测信息内容至某格式，以供更多人获取并利用此检测信息。在对齐模型并执行想要的分析后，单击"创建报告"来分享结果和其他信息，可获得下列报告格式：PDF、PPT、HTML、WordML、XPS、CSV、XML，如图 4-29 所示。

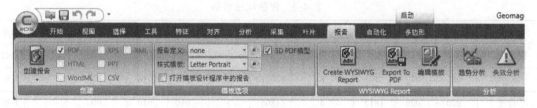

图 4-29　检测报告界面

任务二　板类零件 Geomagic Control 数据分析与检测

【任务描述】

已知板类零件的形状与尺寸如图 4-30 所示。要求：①根据已给定的该零件多边形模型（三维扫描数据 .stl 文件），依次以图样上 A 基准、B 基准、C 基准作为对齐基准完成三维扫描数据与 CAD 数据的对齐；②完成 3D 比较、色谱图生成、注释创建，要求临界值为 ±0.2mm，名义值为 ±0.03mm，15 段色谱图；③完成 2D 比较分析和图样中的 2D 尺寸测量，若需创建 2D 截面，则按需要进行创建；④完成图样中平面度、垂直度、倾斜度、位置度、面轮廓度等几何公差的测量和评估。最后生成检测报告，使所有分析结果都体现在检测报告中。

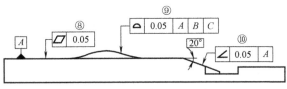

图 4-30　板类零件检测图样

[任务实施]

1. 加载数据

1）双击桌面上的 Geomagic Control 图标，打开 Geomagic Control 软件，其主界面如图 4-31 所示。

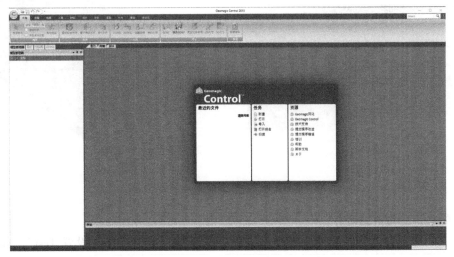

图 4-31　软件主界面

2）单击"Geomagic Control"图标 下面的"导入"按钮 ，选择 .stl 数据和 CAD 数模；或者手动拖拉至软件里面。当有"单位"对话框弹出来的时候，单击"确定"按钮即可，如图 4-32 所示。

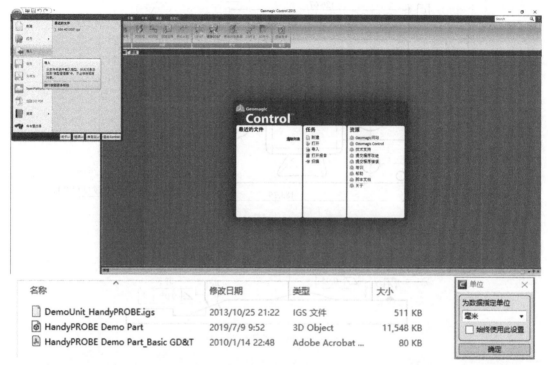

图 4-32 数据导入

导入板类零件的数据后，界面如图 4-33 所示。

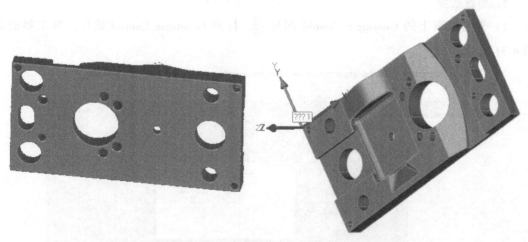

图 4-33 数据导入后的界面

2. 创建特征与数据对齐

1）右击"模型管理器"中 .stl 数据文件，在下拉菜单中选择"设置 Test"，如图 4-34 所示。

2）单击"对齐"选项卡中的最佳拟合对齐图标 ，弹出"最佳拟合对齐"对话框，"采样大小"设置成"300"，先进行初对齐，单击"应用"按钮，如图 4-35 所示。然后把"采样大小"调大，勾选"只进行微调"和"自动消除偏差"复选框，如果工件是对称件的，则也应勾选"检查对称性"复选框，重新单击"应用"按钮，最后单击"确定"按钮接受对齐结果，如图 4-36 所示。

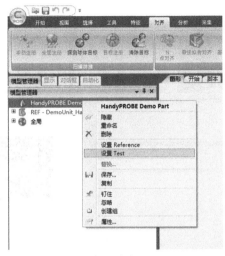

图 4-34　设置 Test

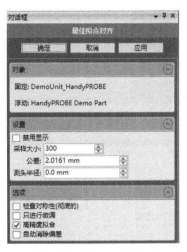

图 4-35　最佳拟合对齐

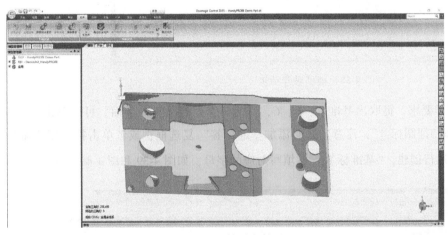

图 4-36　初始对齐结果

E4-3　初始对齐结果

3）由图 4-36 所示的对齐结果可知，.stl 数据并未与参考数据完全对齐，其原因是工件比较薄，很多特征相互贯通，软件无法自动识别正反面，所以可以采用"N 点对齐"命令。首先将两个数据摆到相邻的位置，依次分别在相同的位置单击三个点，然后单击"确定"，如图 4-37 所示。

4）重新单击"对齐"选项卡中的最佳拟合对齐图标 ，"采样大小"设置成"3000"，勾选"只进行微调"和"自动消除偏差"复选框，重新单击"应用"按钮，最后单击"确定"按钮。最终，精确对齐结果如图 4-38 所示。

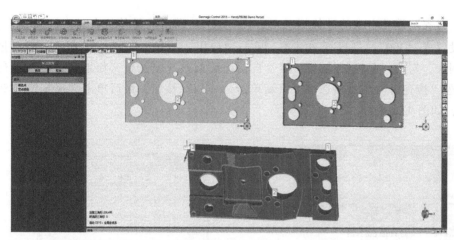

E4-4 N 点对齐

图 4-37 N 点对齐

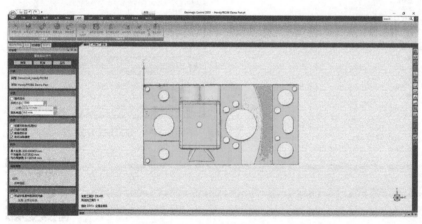

E4-5 精确

对齐结果

图 4-38 精确对齐结果

5）根据图样要求，提取出基准 A、B、C，其为三个互相垂直的平面。可以单击"开始"选项卡中的快捷特征图标 ，注意勾选"添加基准标签"复选框；或者单击特征创建命令图标 ，进行创建，"基准标签"栏填写对应的字母，如图 4-39 和图 4-40 所示。

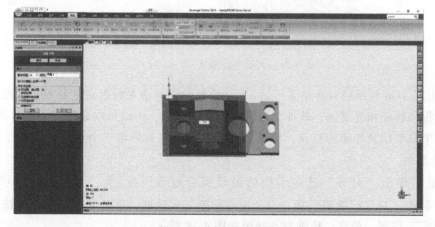

图 4-39 创建基准特征

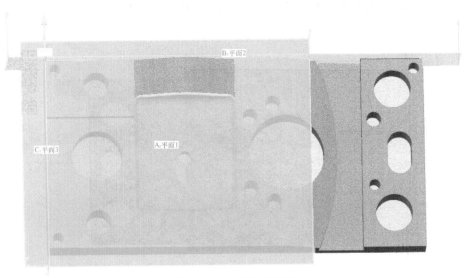

图 4-40　完成基准特征

6）单击"特征"选项卡中的自动创建图标，在 .stl 数据上面对应的位置自动创建出基准 A、B、C，如图 4-41 所示。

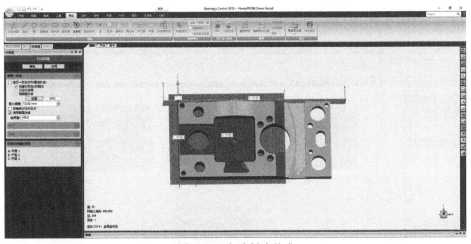

图 4-41　自动创建基准

7）在"自动创建"对话框中单击"应用"按钮，待特征都创建好，再单击"确定"按钮，如图 4-42 所示。

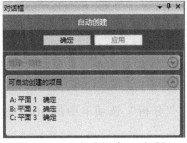

图 4-42　"自动创建"对话框

8）此时，.stl 数据上面也出现了对应的基准 A、B、C，如图 4-43 所示。

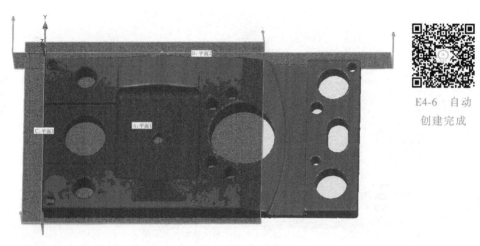

E4-6 自动
创建完成

图 4-43 自动创建完成

9）单击"对齐"选项卡中的基于特征对齐图标，把 .stl 数据和 CAD 数模上对应的基准 A、B、C 进行配对，可以自动对齐，也可以手动对齐，创建特征对，如图 4-44 所示。

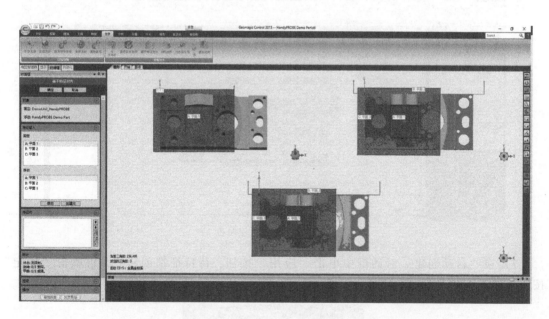

图 4-44 基准对齐

按照图样要求进行基准对齐，特征对创建结果如图 4-45 所示。

3. 3D 分析

1）数据对齐好以后，单击"分析"选项卡中的 3D 比较图标，单击"应用"按钮，界面如图 4-46 所示。

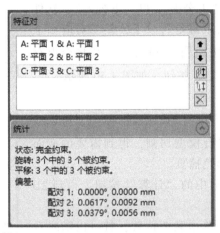

图 4-45　创建特征对

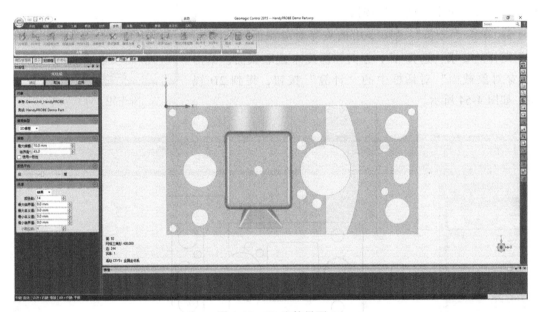

图 4-46　3D 比较界面

2）根据任务要求，设置色谱图颜色段、最大临界值、最小临界值、最大名义值、最小名义值，最后单击"确定"按钮，色谱图如图 4-47 所示，见彩色插页。

3）单击"分析"选项卡中的创建注释图标 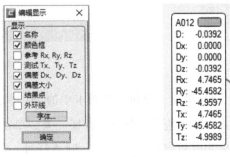，在需要关注的部位单击，就会出现偏差注释，包括整体偏差和 $X/Y/Z$ 三个方向的偏差，如图 4-48 所示，见彩色插页如果想看 .stl 数据和 CAD 数模上对应的 $X/Y/Z$ 的坐标，则可以单击"创建注释对"话框中的"编辑显示"按钮设置，以 A012 为例，其结果如图 4-49 所示。

图 4-49　编辑显示

4）根据任务要求设置"上公差"和"下公差"，软件中的"上公差"对应"上极限偏差"，"下公差"对应"下极限偏差"。之后单击保存按钮 ，设置的参数将会保存到报告里面，最后单击"确定"按钮，如图4-50所示。

4. 2D 比较

1）单击"分析"选项卡中的2D比较图标，可以根据系统平面或者特征平面进行模型切割，得到需要的截面视图，如图4-51所示，见彩色插页。

单击"2D比较"对话框中的"计算"按钮，得到2D视图，如图4-52所示。

2）在2D比较界面里，单击某个位置，就可以随时看到该位置的偏差值，如图4-53所示。单击保存按钮 保存结果，最后单击"确定"按钮。

3）单击"分析"选项卡中的贯穿对象截面图标，根据图样的要求，选择 X/Y 方向和深度来截取截面，单击"贯穿对象截面"对话框中的"计算"按钮，得到2D视图，如图4-54所示。

图 4-50 设置公差

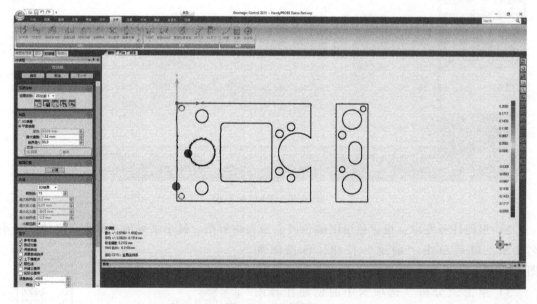

图 4-52 2D 视图

4）单击"分析"选项卡中的2D尺寸图标，根据图样要求进行2D尺寸的测量，测量前先要构造需要测量的特征元素。单击"创建2D尺寸"对话框中的"构造"按钮，根据实际需求构造点、线、圆等特征，用鼠标左键框选对应的特征完成构建，如图4-55所示。

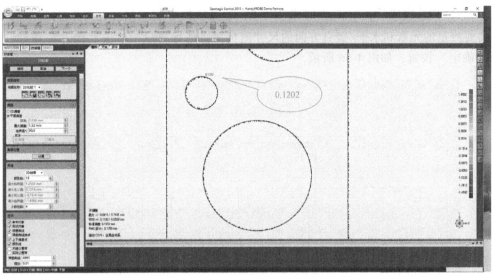

图 4-53　2D 比较注释查看

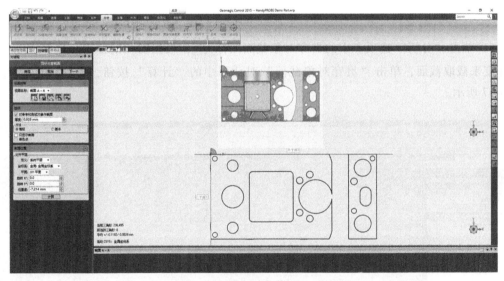

图 4-54　贯穿对象截面（一）

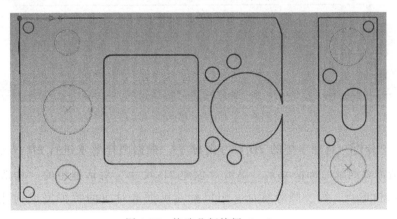

图 4-55　构造几何特征（一）

5）特征构造完成后，单击"创建 2D 尺寸"对话框中的"尺寸测量"按钮 ，选择对应需要测量的元素和水平/竖直方向的尺寸测量按钮进行测量，单击"保存"按钮，最后单击"确定"按钮，如图 4-56 所示。

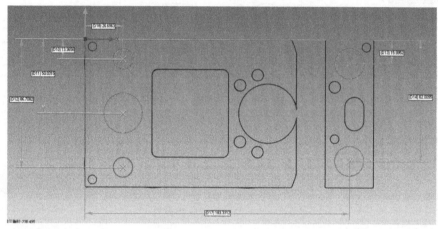

图 4-56　2D 尺寸标注（一）

6）单击"分析"选项卡中的贯穿对象截面图标 ，根据图样的要求，选择 X/Z 方向和深度来截取截面，单击"贯穿对象截面"对话框中的"计算"按钮，得到 2D 视图，如图 4-57 所示。

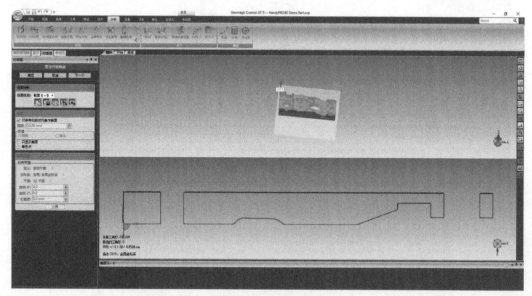

图 4-57　贯穿对象截面（二）

7）单击"分析"选项卡中的 2D 尺寸图标 ，根据图样要求进行 2D 尺寸的测量，测量前先要构造需要测量的特征元素。单击"创建 2D 尺寸"对话框中的"构造"按钮 ，根据实际需求构造点、线、圆等特征，用鼠标左键框选对应的特征完成构建，如图 4-58 所示。

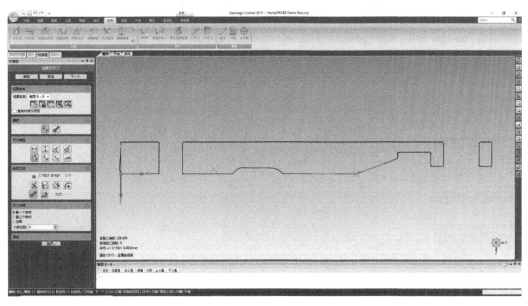

图 4-58　构造几何特征（二）

8）特征构造完成后，单击"创建 2D 尺寸"对话框中的"尺寸测量"按钮，选择对应需要测量的元素和水平/竖直方向的尺寸。单击"保存"按钮，最后单击"确定"按钮，如图 4-59 所示。

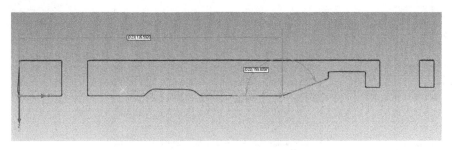

图 4-59　2D 尺寸标注（二）

5. 几何公差分析

1）单击"分析"选项卡中的 GD&T 图标，根据图样的要求，在"创建/编辑 GD&T 标注"对话框中选择对应的几何公差类型，设置对应的基准和公差值，每设置完一个，单击"下一个"按钮进行后续设置，如图 4-60 所示。

2）单击"GD&T"下面的"评估标注"，对之前设置的几何公差进行计算，单击"应用"按钮得到结果，如图 4-61 所示。

3）评估标注用绿色的通过或红色的失败指示器显示定义的几何公差结果。在图形区域下，以表格的形式给出了参与检测的点数、发现的体外孤点数和失败的点数，本任务中板类零件几何公差评估结果如图 4-62 所示，见彩色插页。

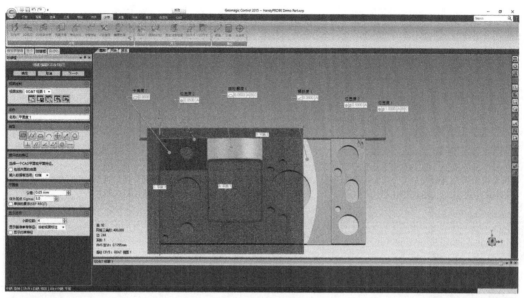

图 4-60　几何公差标注

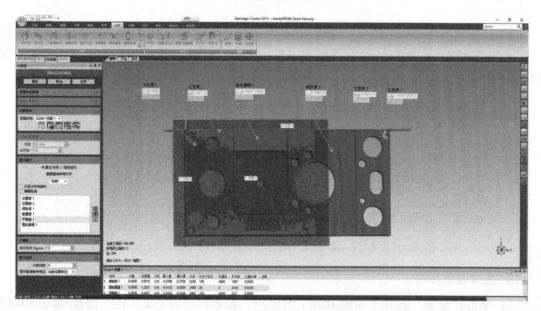

图 4-61　评估标注

6. 生成检测报告

1）创建报告时，可以勾选需要的报告格式，如图 4-63 所示。

图 4-63　创建报告界面

2）本任务导出的检测报告如下，可扫描二维码查看彩色板。

E4-7　项目四
检测报告

检测日期：××/××/2019
生成日期：××/××/2019，××：×× pm

主视图

作者：jfjiang：JFJIANG-LT
客户名称：3D Systems，Inc.
参考模型：DemoUnit_HandyPROBE
测试模型：HandyPROBE Demo Part

对齐统计数据
Alignment Name：特征对齐：DemoUnit_HandyPROBE
Status：Alignment Converged
Maximum Excess Deviation：0.009242667mm
旋转：3个中的3个被约束。
平移：3个中的3个被约束。
状态：完全约束。

对齐结果

参考	距离	角度
A：平面1	0.000000000mm	0.000000000
B：平面2	0.009242667mm	0.061714491
C：平面3	0.005599656mm	0.037885777

3D 比较结果

参考模型	DemoUnit_HandyPROBE
测试模型	HandyPROBE Demo Part
数据点的数量	118130
公差类型	3D 偏差
单位	mm
最大临界值	0.2000
最大名义值	0.0300
最小名义值	−0.0300
最小临界值	−0.2000
偏差	
最大上偏差	9.0411
最大下偏差	−9.7431
平均偏差	0.1192/−0.0528
标准偏差	0.1653

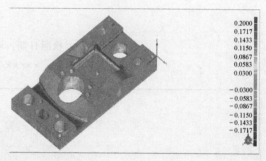

偏差分布

≥Min	<Max	#点	%
−0.2000	−0.1717	307	0.2599
−0.1717	−0.1433	406	0.3437
−0.1433	−0.1150	1741	1.4738
−0.1150	−0.0867	2270	1.9216
−0.0867	−0.0583	2359	1.9970
−0.0583	−0.0300	9559	8.0919
−0.0300	0.0300	36690	31.0590
0.0300	0.0583	5543	4.6923
0.0583	0.0867	9446	7.9963
0.0867	0.1150	5674	4.8032
0.1150	0.1433	5724	4.8455
0.1433	0.1717	16290	13.7899
0.1717	0.2000	14605	12.3635
超出最大临界值		6017	5.0935
超出最小临界值		1499	1.2689

偏差分布图

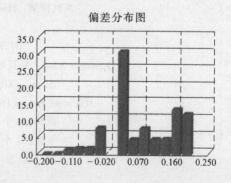

标准偏差

分布（+/−）	# 点	%
−6 * 标准偏差	47	0.0398
−5 * 标准偏差	14	0.0119
−4 * 标准偏差	120	0.1016
−3 * 标准偏差	717	0.6070
−2 * 标准偏差	3840	3.2507
−1 * 标准偏差	55772	47.2124
1 * 标准偏差	55947	47.3605
2 * 标准偏差	1336	1.1310
3 * 标准偏差	234	0.1981
4 * 标准偏差	83	0.0703
5 * 标准偏差	17	0.0144
6 * 标准偏差	3	0.0025

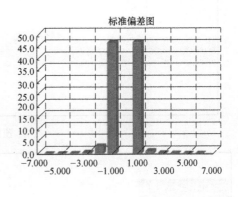

预定义：等测

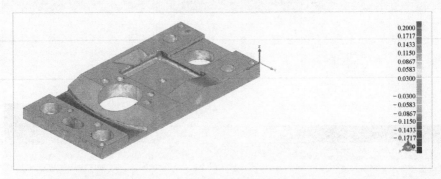

预定义：前视

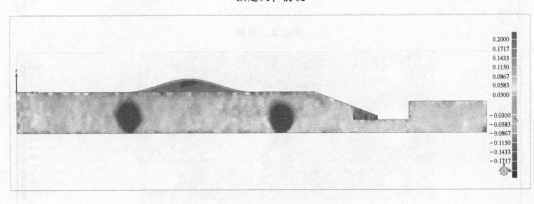

预定义：后视

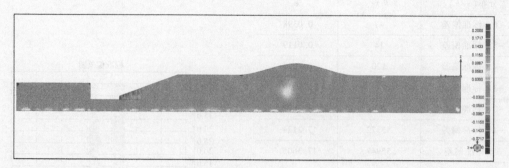

预定义：左视

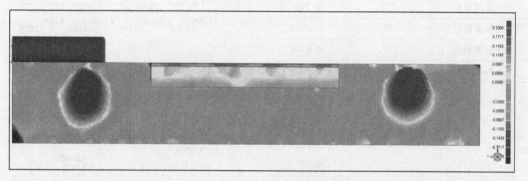

预定义：右视

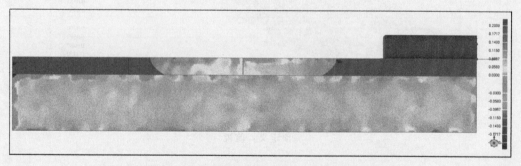

预定义：顶部

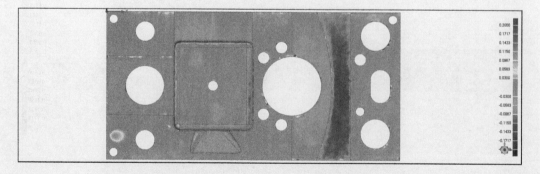

预定义：底部

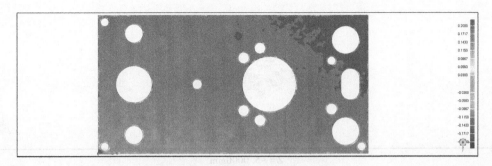

带标注视图：注释视图 1

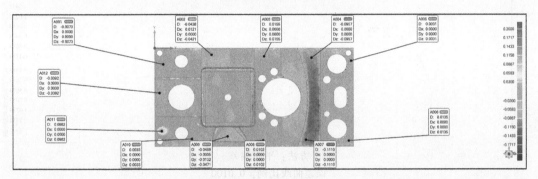

坐标系：注释视图 1　　　　　　　　　　　　　　　　　（单位：mm）

名称	偏差	参考 X	参考 Y	参考 Z	偏差半径	偏差 X	偏差 Y	偏差 Z	测量的 X	测量的 Y	测量的 Z
A001	-0.0073	8.5898	-16.4196	0.0000	1.0000	0.0000	0.0000	-0.0073	8.5898	-16.4196	-0.0073
A002	-0.0438	57.0585	-6.8113	1.7943	1.0000	0.0121	0.0000	-0.0421	57.0706	-6.8113	1.7522
A003	0.0155	109.5841	-8.3059	0.0000	1.0000	0.0000	0.0000	0.0155	109.5841	-8.3059	0.0155
A004	-0.0957	157.6258	-9.8006	-11.3030	1.0000	0.0000	0.0000	-0.0957	157.6258	-9.8006	-11.3987
A005	0.0031	197.7673	-12.7898	-3.9370	1.0000	0.0000	0.0000	0.0031	197.7673	-12.7898	-3.9339
A006	0.0135	195.2051	-94.1404	-3.9370	1.0000	0.0000	0.0000	0.0135	195.2051	-94.1404	-3.9235
A007	-0.1110	151.8608	-93.2863	-11.3030	1.0000	0.0000	0.0000	-0.1110	151.8608	-93.2863	-11.4140
A008	0.0102	108.5165	-93.9269	0.0000	1.0000	0.0000	0.0000	0.0102	108.5165	-93.9269	0.0102
A009	-0.0489	72.8589	-89.8700	-1.4809	1.0000	-0.0005	-0.0132	-0.0471	72.8584	-89.8832	-1.5280
A010	0.0033	37.2013	-92.4323	0.0000	1.0000	0.0000	0.0000	0.0033	37.2013	-92.4323	0.0033
A011	0.0982	6.8817	-84.5321	0.0000	1.0000	0.0000	0.0000	0.0982	6.8817	-84.5321	0.0982
A012	-0.0392	4.7465	-45.4582	-4.9597	1.0000	0.0000	0.0000	-0.0392	4.7465	-45.4582	-4.9989

二维比较视图：2D比较1

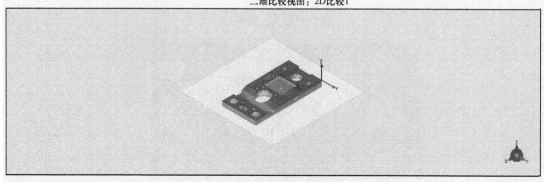

Z=−5.0000mm

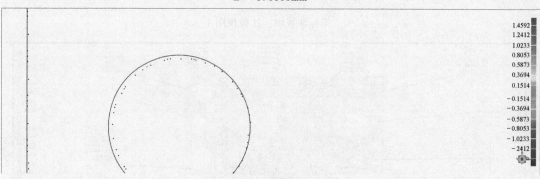

方法：平面偏差

误差曲线比例：0.0100

2D 比较结果

坐标系：全局坐标系

参考模型	DemoUnit_HandyPROBE	最大名义值	−0.1514
测试模型	HandyPROBE Demo Part	最小名义值	−0.1514
名称	2D 比较 1	最小临界值	−1.4592
位置	Z=−5.0000mm	偏差	
数据点的数量	4995	最大偏差+	0.5798
单位	mm	最大偏差−	−1.4592
最大临界值	1.4592	标准偏差	0.2102

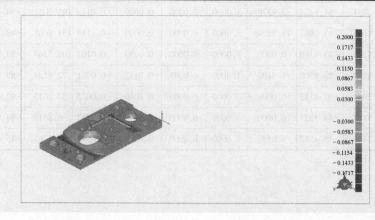

偏差分布

≥Min	<Max	#点	%
−1.4592	−1.2412	15	0.3003
−1.2412	−1.0233	31	0.6206
−1.0233	−0.8053	58	1.1612
−0.8053	−0.5873	52	1.0410
−0.5873	−0.3694	109	2.1822
−0.3694	−0.1514	175	3.5035
−0.1514	0.1514	4100	82.0821
0.1514	0.3694	426	8.5285
0.3694	0.5873	29	0.5806
0.5873	0.8053	0	0.0000
0.8053	1.0233	0	0.0000
1.0233	1.2412	0	0.0000
1.2412	1.4592	0	0.0000
超出最大临界值+		0	0.0000
超出最小临界值−		0	0.0000

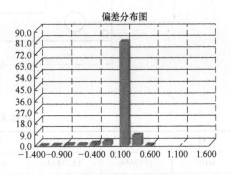

偏差分布图

标准偏差

分布(+/−)	#点	%
−6 * 标准偏差	40	0.8008
−5 * 标准偏差	58	1.1612
−4 * 标准偏差	46	0.9209
−3 * 标准偏差	79	1.5816
−2 * 标准偏差	150	3.0030
−1 * 标准偏差	1575	31.5315
1 * 标准偏差	2904	58.1381
2 * 标准偏差	121	2.4224
3 * 标准偏差	22	0.4404
4 * 标准偏差	0	0.0000
5 * 标准偏差	0	0.0000
6 * 标准偏差	0	0.0000

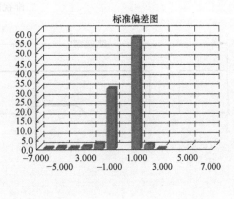

标准偏差图

二维视图：截面 A—A

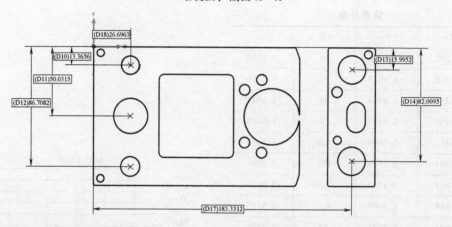

坐标系：全局坐标系　　　　　　　　　　　　　　（单位：mm）

名称	测量值	名义值	偏差	状态	上公差	下公差
D10	13.3656	13.3333	0.0323	通过	1.0000	-1.0000
D11	50.0315	50.0000	0.0315	通过	1.0000	-1.0000
D12	86.7082	86.6667	0.0416	通过	1.0000	-1.0000
D13	15.9952	16.0000	-0.0048	通过	1.0000	-1.0000
D14	82.0095	82.0000	0.0095	通过	1.0000	-1.0000
D17	183.3312	183.2640	0.0672	通过	1.0000	-1.0000
D18	26.6963	26.6658	0.0305	通过	1.0000	-1.0000

二维视图：截面 B—B

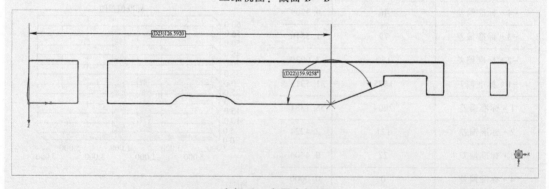

坐标系：全局坐标系　　　　　　　　　　　　　　（单位：mm）

名称	测量值	名义值	偏差	状态	上公差	下公差
D22	159.9258	160.0000	-0.0742	通过	1.0000	-1.0000
D23	126.5920	126.6667	-0.0747	通过	1.0000	-1.0000

GD&T 视图：GD&T 视图 1

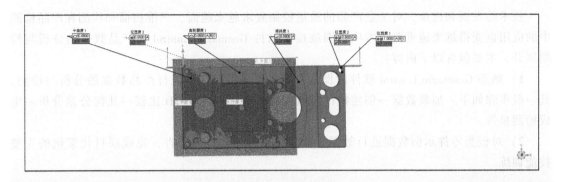

坐标系：GD&T 视图 1 （单位：mm）

名称	公差	测量值	#点	#体外孤点	#通过	#失败	最小值	最大值	公差补偿	状态
垂直度 1	0.0500	0.5575	6238	165	4806	1267	-0.2788	0.2788	0.0000	失败
面轮廓度 1	0.0500	1.2207	2468	28	0	2440	-0.6103	0.0506	0.0000	失败
平面度 1	0.0500	0.4857	2862	100	2449	313	-0.2428	0.2428	0.0000	失败
倾斜度 1	0.0500	0.3986	3911	116	2943	852	-0.1993	0.1993	0.0000	失败
位置度 1	1.0000	1.2310	10	不适用	不适用	不适用	不适用	不适用	0.0000	失败
位置度 2	0.5000	0.0567	10	不适用	不适用	不适用	不适用	不适用	0.0000	通过

项目训练与考核

1. 项目训练

运用 Geomagic Control 软件对板类零件的数模进行数据分析与检测，并创建检测报告。

2. 项目考核卡（表 4-7）

表 4-7　Geomagic Control 数据分析与检测项目考核卡

考核项目	考核内容	参考分值/分	考核结果	考核人
素质目标考核	遵守规则	5		
	课堂互动	5		
	团结合作	10		
	理解创新	5		
知识目标考核	Geomagic Control 软件的操作命令	10		
	数据分析与检测的工作流程	10		
	创建检测报告的内容	10		
	板类零件检测报告创建方法	5		
能力目标考核	掌握 Geomagic Control 软件各操作命令的功能	15		
	掌握零件的数据分析与检测	15		
	能够创建零件检测报告	10		
总计		100		

项目小结

技术的发展和进步，对工业产品的质量控制要求越来越高，三维扫描和检测在产品检测中的应用也变得越来越重要。本项目围绕检测软件 Geomagic Control 对产品数据的分析与检测展开，主要包含以下内容：

1）熟悉 Geomagic Control 软件的操作命令，可运用该软件进行产品数据的分析与检测，其一般步骤如下：加载数据→创建特征与数据对齐→3D 分析→2D 比较→几何公差分析→生成检测报告。

2）对板类零件示例数据进行数据分析与检测，创建检测报告，完成项目化案例的完整技能训练。

思考题

4-1 对薄壁件或者对称件做最佳拟合对齐时，有时会出现对齐不了的情况，为什么？采取什么方法可以解决类似的问题？

4-2 在自动创建特征时，有时候会失败，这是什么原因导致的？

4-3 Geomagic Control 在进行 GD&T 评估时分哪几个步骤？

项目五　VXinspect数据分析与检测

项目名称	VXinspect 数据分析与检测	
教学目标	1. 了解 VXinspect 软件的工作流程、主要功能和基本操作 2. 掌握数据分析的方法与步骤 3. 学会创建和阅读 VXinspect 检测报告	
教学重点	1. VXinspect 数据分析方法与步骤 2. 创建和阅读 VXinspect 检测报告	
工作任务名称	主要教学内容	
	知识点	技能点
任务一　VXinspect 软件认知	1. VXinspect 软件操作基本介绍 2. VXinspect 软件的工作流程	1. 了解 VXinspect 软件的工作流程 2. 掌握 VXinspect 软件各操作命令的功能
任务二　板类零件 VXinspect 数据分析与检测	坐标对齐、数据分析检测和创建检测报告的方法	能够进行板类零件的 VXinspect 数据分析与检测,能够创建和阅读 VXinspect 检测报告
教学资源	教材、视频、课件、设备、现场、课程网站等	
教学(活动)组织建议	1. 教师讲解 VXinspect 软件各操作命令的功能,学生听课 2. 学生练习 WXinspect 软件各操作命令,教师指导 3. 教师讲解板类零件的 VXinspect 数据分析与检测步骤,学生听课 4. 学生练习板类零件的 VXinspect 数据分析与检测,教师指导 5. 教师讲解创建和阅读 VXinspect 检测报告的步骤,学生听课 6. 学生练习创建和阅读 VXinspect 检测报告,教师指导 7. 教师总结	
教学方法建议	讲练结合、案例教学等	
考核方法建议	根据学生对板类零件的 VXinspect 数据分析与检测情况,及其学习态度进行现场评价	

任务一　VXinspect 软件认知

【任务描述】

已通过三维扫描仪获取了被扫描物体的三维数据。请问:如何利用 VXinspect 软件测量被扫描物体的有关尺寸和几何公差？

【相关知识】

一、VXinspect 软件操作基本介绍

1. 启动 VXinspect 软件

双击桌面上的 VXelements 图标 **VX**，启动 VXelements 应用程序；也可选择"开始"→
"程序"→"VXelements"菜单命令，启动 VXelements 软件，其界面如图 5-1 所示。

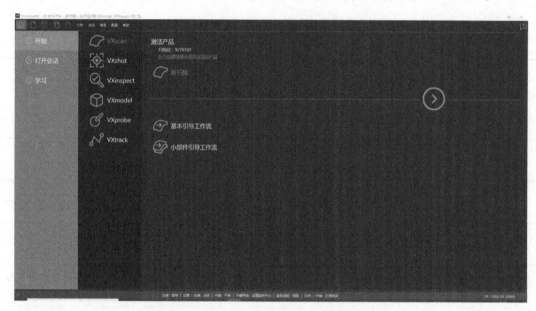

图 5-1 VXelements 界面

2. VXinspect 软件界面

单击（图 5-1 中的）VXinspect 选项 ![]，再单击图标 ![] 进入 VXinspect 主界面，
如图 5-2 所示。选择需要导入的 CAD 模型和扫描数据（通过 HandySCAN 扫描系统直接获
取），也可以直接将目标文件拖拉至软件里。在打开或导入文件的过程中，软件自动地将
CAD 模型定义为参考对象。

（1）VXinspect 工具栏　VXinspect 工具栏如图 5-3 所示。其主要功能有添加实体、增加
参考、添加色谱图、显示 2D 视角、注释、添加扫描、添加快照、导出报告、添加部件、测
量全部、测量选择项等。

1）添加实体：创建用于检测程序的实体，其尺寸可添加到检测报告中。

2）增加参考：创建参考系以校准 CAD 模型的测量值。

3）添加色谱图：创建色谱图，以比较网格与标称网格。

4）显示 2D 视角：该功能仅当已在程序表内选择 2D 实体时可用，可显示横截面的 2D
视图。

5）添加实体注释：可创建实体注释。激活该选项后，单击 3D 查看器中的实体即可创

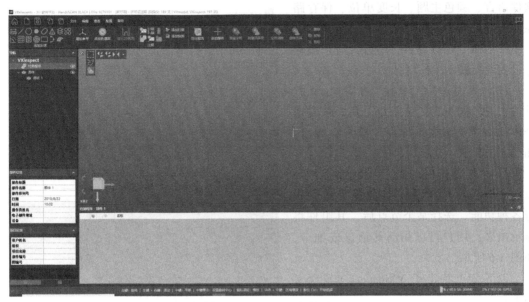

图 5-2　VXinspect 主界面

图 5-3　VXinspect 工具栏

建注释。

6）添加最小最大注释：激活该选项后，将显示实体或检测程序中选择的色谱图的最小和最大注释。

7）添加 3D 偏差注释：可创建测量注释。激活该选项后，单击 3D 查看器中的扫描数据或探测点即可创建偏差注释。

8）关闭所有注释：可关闭 3D 查看器中的所有已创建注释。

9）添加扫描：可在检测程序中创建扫描采集序列，必须设置实体名称和扫描参数。在测量过程中，该实体将使用实体中保存的设置启动扫描采集方法。

10）添加快照：可在检测项目中创建快照实体，3D 查看器中拍摄的场景图像将显示在检测报告中。选择在程序中的插入位置选项，可选择快照在检测程序中的位置；选择在首页显示选项，可将快照显示在检测报告的首页。

11）导出报告：可以 Excel 输出格式（.xls）导出检测报告。

12）添加部件：通过创建检测程序的未测量副本来添加将在项目树中测量的新部件。

13）测量全部：启动对检测程序中所有未测量实体的测量工作。

14）测量选择项：启动对检测程序中所选实体的测量工作。即使之前已测量过所选实体，也将对其进行重新测量。

（2）选项卡　VXinspect 软件主界面主要有文件、编辑、查看、配置、帮助五个选项卡。单击"配置"选项卡中的"选项"按钮，弹出"选项"对话框，如图 5-4 所示。可对软件语言、颜色主题、长度单位、保存路径等进行设置，也可对选项卡、组和右键菜单中的命令进行设置，还可针对常用命令设置快捷键。

图 5-4 "选项"对话框

（3）快速访问工具栏 VXinspect 软件的快速访问工具栏位于左上角，包含四个默认命令：新建、保存、导入、导出，如图 5-5 所示。

（4）导航面板 通过导航面板，可以在 VXinspect 会话各组件之间导航并执行各种功能。选择某个节点后，其组件将显示出来，用户可以访问其信息或细节，如图 5-6 所示。

以下节点特定于 VXinspect，其含义如下：

1）检测程序：该节点包含要测量的每个部件的项目信息。可使用导出报告功能生成检测报告。

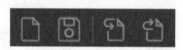

图 5-5 快速访问工具栏

2）部件：该节点允许在项目的所有部件间进行切换。每个部件均具有自己的详细信息，包括其特定的测量值。通过该节点，可生成检测报告。

3）未定义数据：该节点包含尚未使用的扫描数据或光学测量数据。

4）CAD 模型：该节点显示用于检测的 CAD 模型，并允许执行各种功能。

（5）部件信息 在图 5-2 所示 VXinspect 主界面的左下角可以填写部件的信息，其中包含报告标题、部件名称、部件序列号、日期、时间、操作员姓名、设备等信息，如图 5-7 所示。

图 5-6 导航面板

图 5-7 部件信息

（6）选择工具　选择工具图标显示在 3D 查看器的左上角，如图 5-8 所示，也可从主菜单的"工具"中访问这些图标。选择工具的详解见表 5-1。

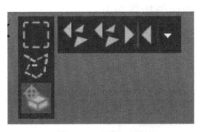

图 5-8　选择工具

表 5-1　选择工具的详解

工具图标	名称	菜单	功　能
	全选	工具→选择→全选	该模式可选择网络中的所有三角形
	清除选择	工具→选择→清除选择	该模式可清除三角形的当前选择
	反向选择	工具→选择→反向选择	该模式可反向选择当前三角形，即将选择此前未选择的三角形。反向选择后，所选三角形将不再是选择内容中的一部分
	矩形选择	工具→选择→矩形选择	可使用该工具选择矩形。按住〈Ctrl〉键并单击，完成选择时释放鼠标左键
	自由形状选择	工具→选择→自由形状选择	可使用该工具选择自由图形（套索） 1）要创建直线轮廓，请按下〈Ctrl〉键并单击 2）要创建自由曲线轮廓，请按下〈Ctrl〉键并按住鼠标左键 3）完成选择后，右击结束选择或释放〈Ctrl〉键
	CAD 选择	工具→选择→CAD 选择	该模式允许通过单击来选择单个表面或单个边缘。按住〈Ctrl〉键的同时单击

3. 鼠标功能

在 VXinspect 中，各鼠标键的操作作用见表 5-2。

表 5-2　各鼠标键的操作作用

鼠标键		操作作用
左键	左键	旋转
	左键+右键	滚动
中键	滚轮	缩放
	中键	平移
	Shift+中键	区域缩放

二、VXinspect 软件的工作流程

VXinspect 是 VXelements 的一个完全集成模块，应用于三维扫描质量控制流程。通过产

品的 CAD 模型与实际样件之间的对比，实现产品的快速检测，并以直观的色谱图来显示结果，最后可以出具检测报告。VXinspect 数据分析与检测的具体工作流程，如图 5-9 所示，其主要分为七个步骤，各步骤的详细操作如下：

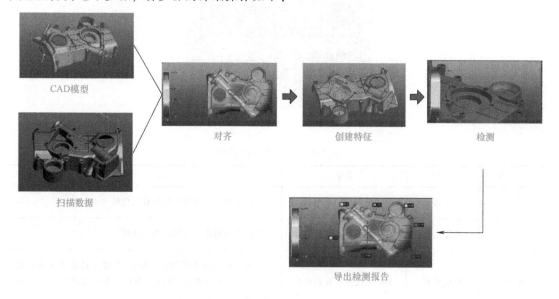

图 5-9　VXinspect 的工作流程

1. 导入数据

选择"文件"→"导入"菜单命令，可导入 CAD 模型和扫描数据（图 5-10），也可以直接将其拖拉至软件里。在打开或导入文件的过程中，软件自动地将 CAD 模型定义为参考对象。导入数据界面如图 5-11 所示。

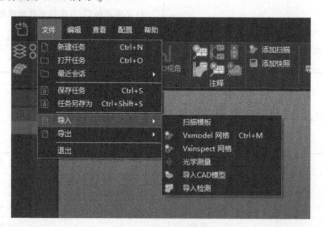

图 5-10　导入数据

2. 创建特征

创建用于检测程序的实体特征，其尺寸可添加到检测报告。添加实体组别的工具如图 5-12 所示。

1）利用添加实体工具创建如图 5-13 所示的平面。选择视图中的目标表面，在选择的表面上创建平面特征。

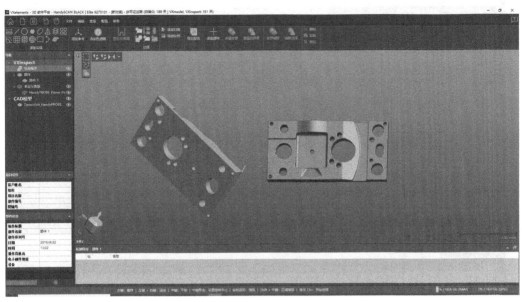

图 5-11 导入数据界面

图 5-12 添加实体

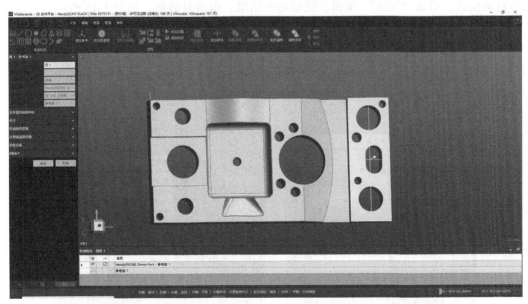

图 5-13 手动创建平面特征

2）创建如图 5-14 所示的圆柱体。选择视图中的目标表面，在选择的表面上创建圆柱体特征。

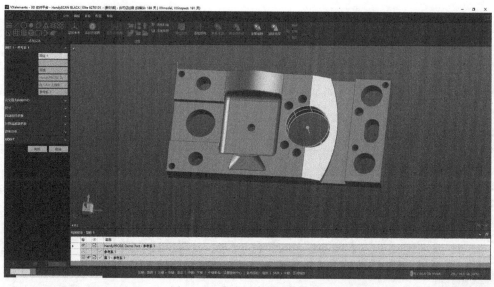

图 5-14　手动创建圆柱体特征

3. 数据对齐

导入数据后，根据具体要求进行数据对齐。选择不同的对齐方法将会对后面的分析结果产生不同的影响，因此要选择最适合的对齐方式，这对要执行的检测类型是非常重要的。一旦两个模型对齐，就可执行 3D 比较，进入分析阶段。

（1）面片最佳拟合对齐　单击"增加参考"图标，进入"参考系 1"对话框，参考类型选择"面片最佳拟合"，移动的选择扫描数据，固定的选择完整 CAD 数据，预对齐模式选择自动模式，单击"完成"按钮，接受对齐结果，退出对话框，如图 5-15 所示。

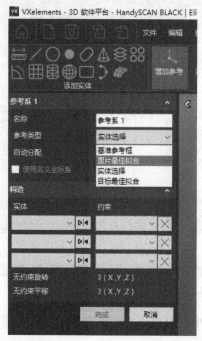
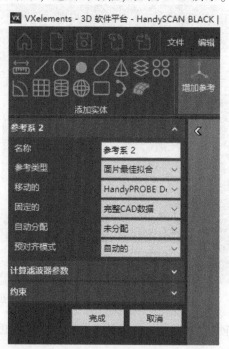

图 5-15　面片最佳拟合对齐

（2）基准参考框对齐　单击"增加参考"图标，进入"参考系 1"对话框，参考类型选择"基准参考框"，测量方式选择"实体"，第一、第二、第三基准根据图样要求进行创建，单击"完成"按钮，接受对齐结果，退出对话框，如图 5-16 所示。

4. 3D 分析

在当前对齐结果下，单击"添加色谱图"图标，进入"色墙 1-参考系"对话框，可以设置尺寸的最大值、最小值、最大名义值、最小名义值，如图 5-17 所示。色谱图如 5-18 所示。

单击鼠标左键，可在对象的不同位置处创建注释，如图 5-19 所示。使用〈Delete〉键可以删除激活的注释。若保存当前视图及创建的新注释，单击"视图控制"下的保存图标。

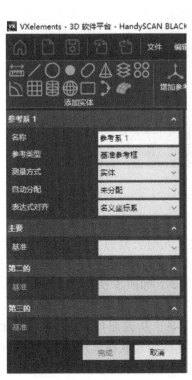

图 5-16　基准参考框对齐

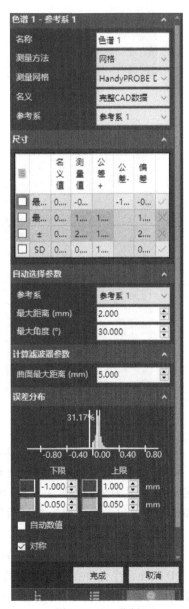

图 5-17　3D 分析

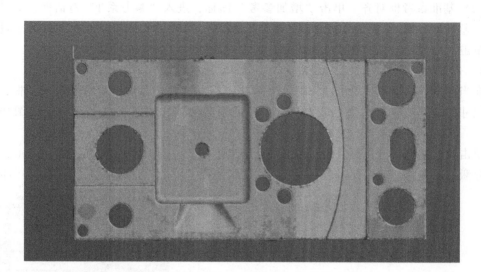

图 5-18　色谱图

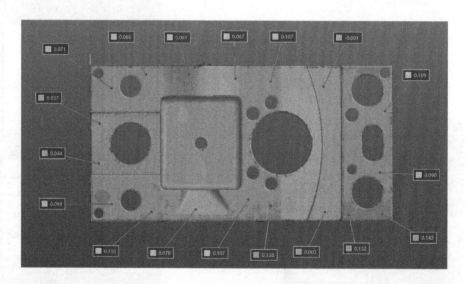

图 5-19　创建注释

5. 几何公差分析——创建 GD&T 标注

创建 GD&T 标注命令提供了在 CAD 参考模型上定义几何公差的工具。使用这些工具可以定义 11 种几何公差，见表 5-3。单击符号对应的工具图标，可设置对应需要测量的几何公差和公差值，单击"完成"按钮后软件会自动计算测量值，如图 5-20 和图 5-21 所示。

6. 2D 截面

除了 3D 分析工具外，VXinspect 还提供 2D 分析工具，从截面提取信息，用于检测报告。2D 截面命令允许在需要测量的位置创建横截面，并使用须状图显示偏差。一旦创建了贯穿测试对象的截面，使用创建 2D 尺寸命令，可在截面上创建尺寸，如图 5-22 所示。

所有这些命令创建的一系列 2D 尺寸，随后都能被生成到检测报告中，如图 5-23 所示。

表 5-3　几何公差项目及符号

几何公差项目	符号
直线度	—
平面度	⟁
圆度	○
圆柱度	⌭
线轮廓度	⌒
面轮廓度	⌓
垂直度	⊥
倾斜度	∠
平行度	∥
位置度	⊕
同轴度	◎

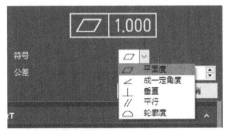

图 5-20　设置几何公差

图 5-21　测量值

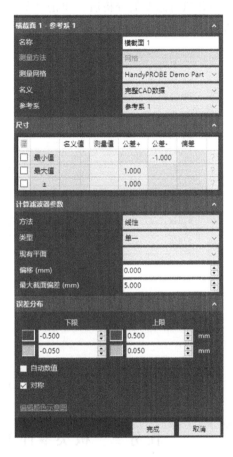

图 5-22　创建 2D 截面

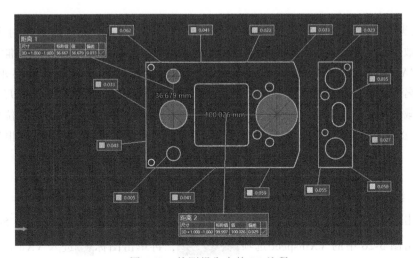

图 5-23　检测报告中的 2D 注释

7. 导出检测报告

该命令允许输出检测信息内容至某格式文件，以供更多人获取并利用此检测信息。在对齐模型并执行想要的分析后，单击"导出报告"图标来分享结果和其他信息，可获得 Excel 报告格式，如图 5-24 所示。

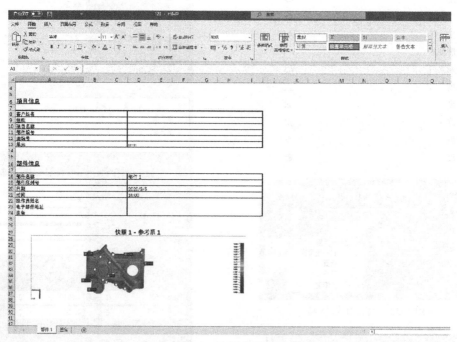

图 5-24　检测报告界面

任务二　板类零件 VXinspect 数据分析与检测

【任务描述】

已知板类零件形状与尺寸如图 5-25 所示。要求①根据已给定的该零件的多边形模型（三维扫描数据 .stl 文件），依次以图样上 A 基准、B 基准、C 基准作为对齐基准完成三维扫描数据与 CAD 数据的对齐；②完成 3D 比较、色谱图生成、注释创建，要求临界值为 ±0.2mm，名义值为±0.03mm，12 段色谱图；③完成 2D 比较分析和图样中的 2D 尺寸注释，若需创建 2D 截面，则按需要进行创建；④完成图样中平面度、垂直度、倾斜度、位置度、面轮廓度等几何公差的测量和评估。最后生成检测报告使所有分析结果都体现在检测报告中。

【任务实施】

1. 导入数据

1）双击桌面上的 VXelements 图标 ，打开 VXelements 软件，其界面如图 5-26 所示。

2）单击图 5-26 中的 VXinspect 选项 ，再单击图标 进入 VXinspect 主界面，如图 5-27 所示。

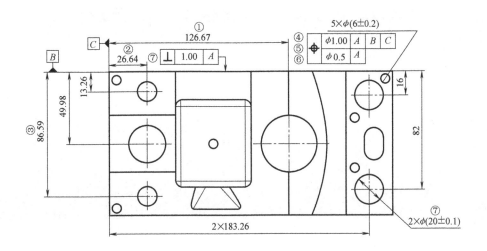

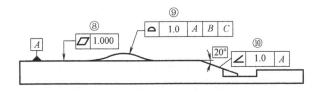

图 5-25　板类零件形状与尺寸

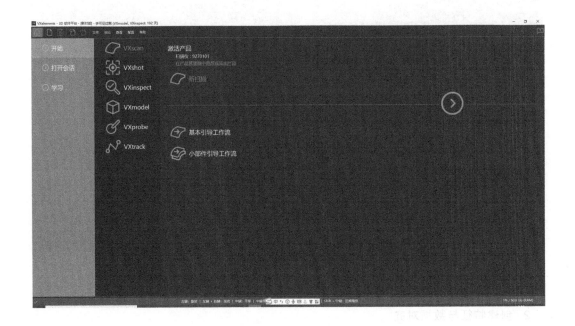

图 5-26　VXelements 界面

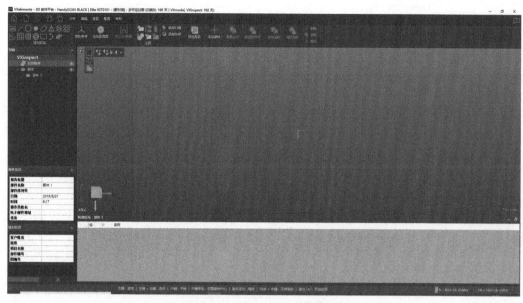

图 5-27　VXinspect 主界面

3）选择"文件"→"导入"→"VXinspect 网格"菜单命令，导入之前保存的扫描数据；选择"导入 CAD 模型"菜单命令，导入 CAD 模型，如图 5-28 所示。

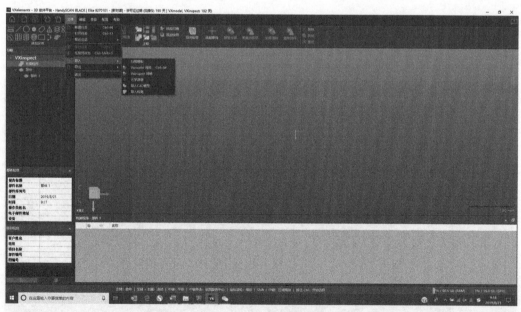

图 5-28　导入数据

4）导入好数据的界面如图 5-29 所示。

2. 创建特征与数据对齐

1）单击工具栏中的增加参考图标，进入"参考系 1"对话框，如图 5-30 所示；参考类型选择"面片最佳拟合"，如图 5-31 所示。

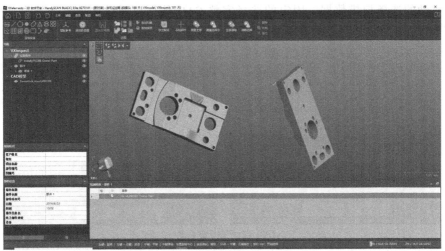

图 5-29　导入数据界面

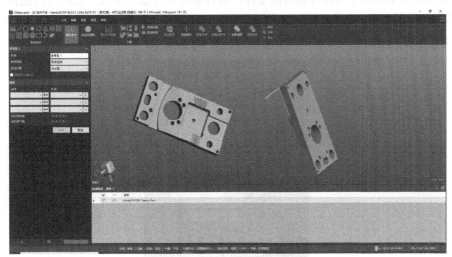

图 5-30　增加参考

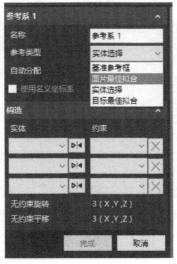

图 5-31　面片最佳拟合对齐

2）移动的选择扫描数据，固定的选择完整 CAD 数据，预对齐模式选择自动模式，如图 5-32 所示。

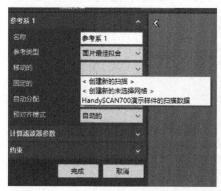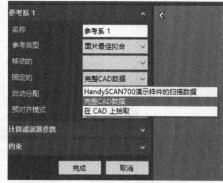

图 5-32　设置参数

3）如果扫描数据属于对称件或者薄壁件，则自动对齐可能会失效，此时可以把预对齐模式改成手动模式，如图 5-33 所示。单击"完成"按钮后，单击工具栏中的"测量选择项"图标，按照提示在两个数据大概相同的位置，单击三个点进行对齐，如图 5-34 所示。

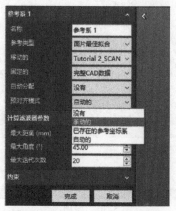

图 5-33　预对齐模式改成手动

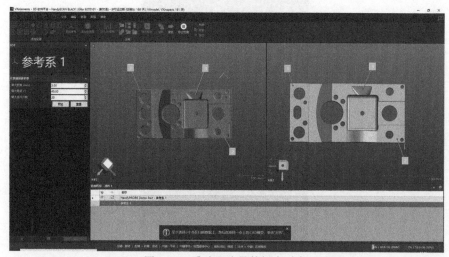

图 5-34　手动面片最佳拟合对齐

4）最佳拟合对齐结果如图 5-35 所示。

5）根据图样要求，提取出基准。单击"添加实体"组中的平面工具进行创建，基准实体标签填写字母 A，测量方法选择"网格"，测量网格选择对应的扫描数据，名义选择"在 CAD 上拾取"，单击"完成"按钮，得到基准 A，如图 5-36 所示。

E5-1　面片最佳
拟合对齐结果

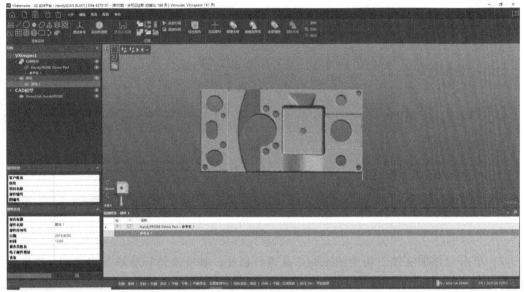

图 5-35　面片最佳拟合对齐结果

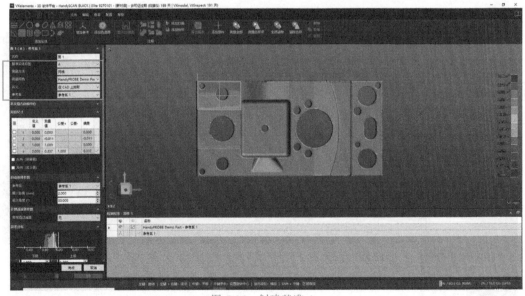

图 5-36　创建基准 A

6）单击"添加实体"组中的平面工具进行创建，基准实体标签填写字母 B，测量方法选择"网格"，测量网格选择对应的扫描数据，名义选择"在 CAD 上拾取"，单击"完成"按钮，得到基准 B，如图 5-37 所示。

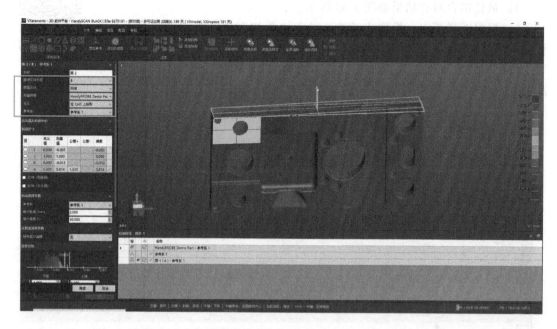

图 5-37　创建基准 B

7）单击"添加实体"组中的平面工具进行创建，基准实体标签填写字母 C，测量方法选择"网格"，测量网格选择对应的扫描数据，名义选择"在 CAD 上拾取"，单击"完成"按钮，得到基准 C，如图 5-38 所示。

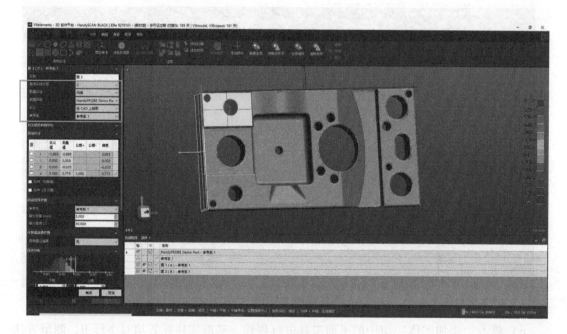

图 5-38　创建基准 C

8）按照图样要求进行基准对齐，配对结果如图 5-39 所示。

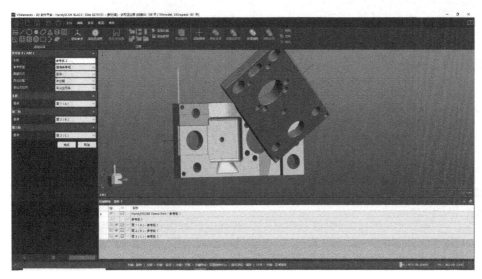

E5-2 板类
零件基
准对齐

图 5-39 基准对齐

9）根据对齐结果，对基准进行特征注释，结果如图 5-40 所示。

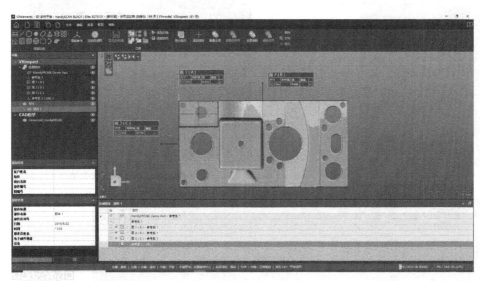

E5-3 板类
零件特
征注释

图 5-40 特征注释

3. 3D 分析

1）数据对齐以后，单击工具栏中的"添加色谱图"图标![icon]，单击"完成"按钮，结果如图 5-41 所示。

2）根据要求，设置色谱段数、最大临界值、最小临界值、最大名义值、最小名义值，如图 5-42 和图 5-43 所示。

3）单击工具栏中的创建注释图标![icon]，在需要关注的部位单击一下，就会出现点偏差，包括整体偏差，如图 5-44 所示。

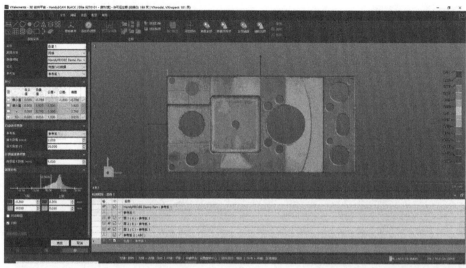

图 5-41　添加色谱图

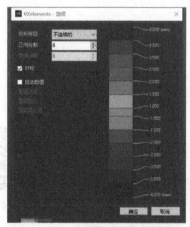

图 5-42　设置色谱段数

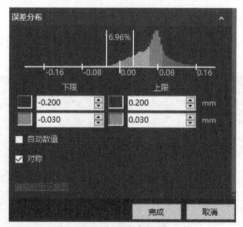

图 5-43　设置最大、最小值

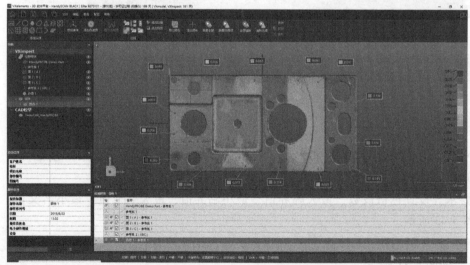

图 5-44　创建注释

4）单击工具栏中的添加快照图标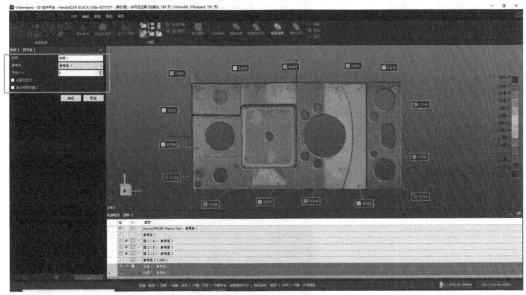，在左侧对话框中可以改变字体的大小，以及是否要放在报告的首页等设置，如图 5-45 所示。

图 5-45 添加快照

4. 几何公差分析

1）单击工具栏中"添加实体"组中的锥体工具创建锥体，如图 5-46 所示。

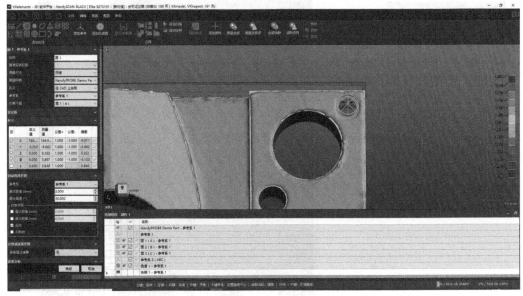

图 5-46 创建锥体

2）在图 5-46 所示界面的左侧对话框中设置 GD&T，根据图样的要求设置位置度公差，如图 5-47 所示；单击"完成"按钮，软件自动计算测量值，如图 5-48 所示。

3）单击工具栏中"添加实体"组中的平面工具创建平面，如图 5-49 所示。

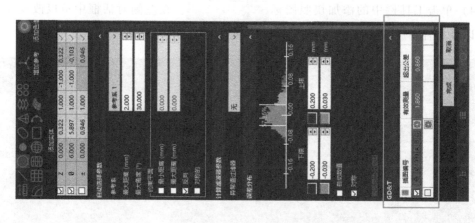

图 5-48 位置度测量值

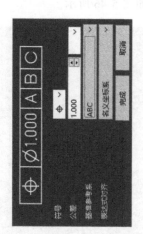

图 5-47 设置位置度公差

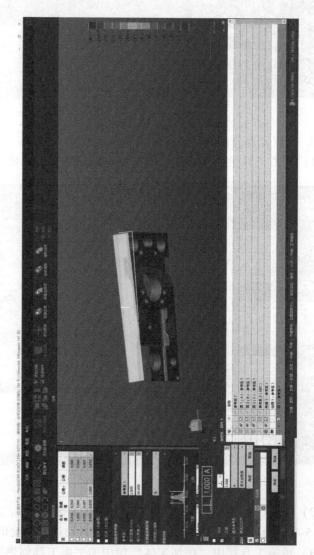

图 5-49 创建平面

4）在图 5-49 所示界面的左侧对话框中设置 GD&T，根据图样的要求设置垂直度公差，如图 5-50 所示。

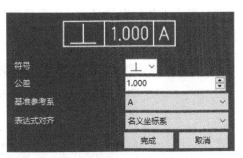

图 5-50 设置垂直度公差

5）单击工具栏中的实体注释图标 ，单击选择前面创建的锥体和曲面，使其显示出来，并进行注释，如图 5-51 所示。单击工具栏中的添加快照图标 █ 添加快照 ，使当前页出现在报告中。

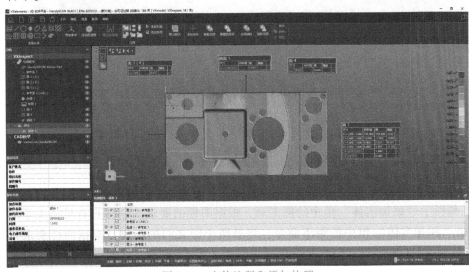

图 5-51 实体注释和添加快照

E5-6 板类零件几何公差快照

5. 2D 截面

1）单击工具栏中"添加实体"组中的横截面工具，选择合适的位置创建 2D 截面，如图 5-52 所示。

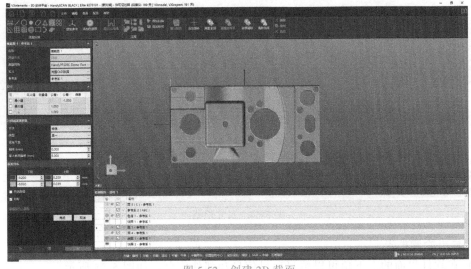

图 5-52 创建 2D 截面

2）单击工具栏中的显示 2D 视角图标 [图标]，选择合适的位置，单击创建注释图标 [图标]，创建的 2D 注释如图 5-53 所示。

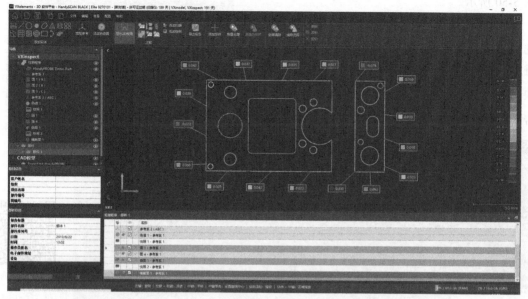

图 5-53 2D 注释

3）单击工具栏中"添加实体"组中的圆工具，根据图样的要求，创建具有尺寸关系的两个圆，再单击"添加实体"组中的距离命令，测量两个圆之间的距离。根据图样要求依次完成距离测量，最后添加快照，如图 5-54 所示。

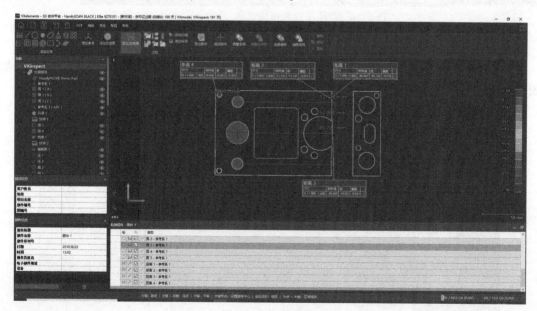

图 5-54 尺寸检测

6. 导出检测报告

1）在软件界面的左下角可以填写项目信息和部件信息，如图 5-55 所示。

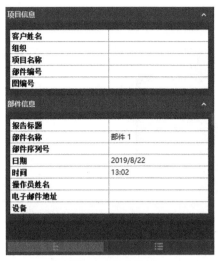

图 5-55　信息填写

2）导出报告。单击工具栏中的导出报告图标，如图 5-56 所示。

图 5-56　导出报告

E5-7　项目五
检测报告

3）本任务导出的检测报告如下，可扫描二维码查看彩色版

项目信息

客户姓名	XX
组织	XX
项目名称	板类零件
部件编号	1
图编号	1
单元	mm

部件信息

部件名称	部件 1
部件序列号	
日期	2019/8/22
时间	13:02
操作员姓名	Baron
电子邮件地址	XX
设备	HandySCAN

151

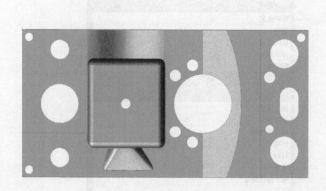

面1（A）- 参考系1

GD&T	公差	标称值	测量值	偏差	超出公差范围
▱ 1.000	1.000		0.313		

面2（B）- 参考系1

GD&T	公差	标称值	测量值	偏差	超出公差范围
▱ 1.000	1.000		0.666		

面3（C）- 参考系1

GD&T	公差	标称值	测量值	偏差	超出公差范围
▱ 1.000	1.000		0.734		

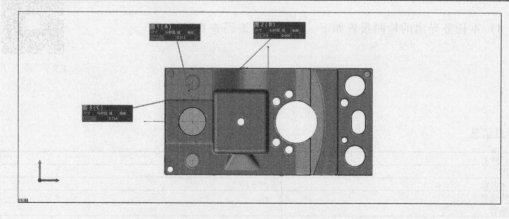

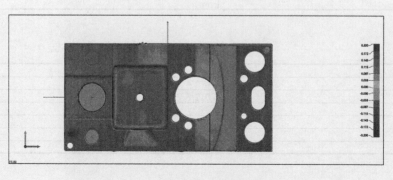

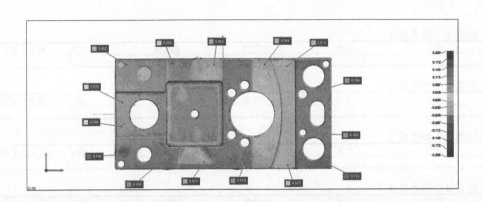

线 1 - 参考系 1

GD&T	公差	标称值	测量值	偏差	超出公差范围
— 1.000	1.000		0.143		

线 2 - 参考系 1

GD&T	公差	标称值	测量值	偏差	超出公差范围
— 1.000	1.000		1.025		0.025

圆 2 - 参考系 1

尺寸	公差	标称值	测量值	偏差	超出公差范围
X	1.000 - 1.000	26.666	26.649	-0.017	
Y	1.000 - 1.000	-13.333	-13.321	0.012	
Z	1.000 - 1.000	-5.000	-5.000	0.000	
Ø	+1.000 - 1.000	13.327	13.315	-0.012	

GD&T	公差	标称值	测量值	偏差	超出公差范围
◯ 1.000	1.000		0.102		

圆 3 - 参考系 1

尺寸	公差	标称值	测量值	偏差	超出公差范围
X	1.000 - 1.000	26.666	26.772	0.106	
Y	1.000 - 1.000	-50.000	-50.025	-0.025	
Z	1.000 - 1.000	-5.000	-5.000	0.000	
Ø	+1.000 - 1.000	26.659	27.151	0.491	

GD&T	公差	标称值	测量值	偏差	超出公差范围
◯ 1.000	1.000		1.498		0.498

圆 4 - 参考系 1

尺寸	公差	标称值	测量值	偏差	超出公差范围
X	1.000 - 1.000	26.666	26.664	-0.002	
Y	1.000 - 1.000	-86.667	-86.676	-0.009	
Z	1.000 - 1.000	-5.000	-5.000	0.000	
Ø	+1.000 - 1.000	13.327	13.313	-0.014	

GD&T	公差	标称值	测量值	偏差	超出公差范围
◯ 1.000	1.000		0.111		

圆 5 - 参考系 1

尺寸	公差	标称值	测量值	偏差	超出公差范围
X	1.000 - 1.000	5.000	4.992	-0.008	
Y	1.000 - 1.000	-5.000	-5.057	-0.057	
Z	1.000 - 1.000	-5.000	-5.000	0.000	
Ø	+1.000 - 1.000	5.988	5.982	-0.006	

GD&T	公差	标称值	测量值	偏差	超出公差范围
◯ 1.000	1.000		0.091		

📏 距离 1 - 参考系 1

尺寸	公差	标称值	测量值	偏差	超出公差范围
Y	1.000 -1.000	-86.667	-86.702	-0.035	

📏 距离 2 - 参考系 1

尺寸	公差	标称值	测量值	偏差	超出公差范围
Y	1.000 -1.000	-13.333	-13.347	-0.014	

📏 距离 3 - 参考系 1

尺寸	公差	标称值	测量值	偏差	超出公差范围
Y	1.000 -1.000	-50.000	-50.051	-0.051	

📏 距离 4 - 参考系 1

尺寸	公差	标称值	测量值	偏差	超出公差范围
X	1.000 -1.000	26.666	26.663	-0.003	

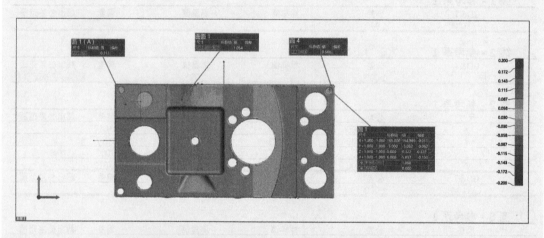

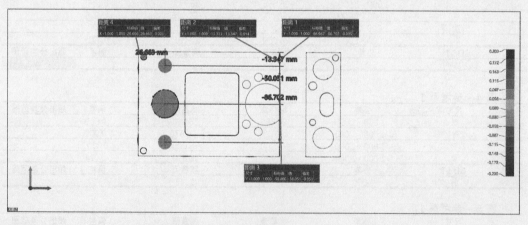

⬡ 项目训练与考核

1. 项目训练

运用 VXinspect 软件对板类零件的数模进行数据分析与检测，创建检测报告。

2. 项目考核卡（表 5-4）

表 5-4　VXinspect 数据分析与检测项目考核卡

考核项目	考核内容	参考分值/分	考核结果	考核人
素质目标考核	遵守规则	5		
	课堂互动	5		
	团结合作	10		
	理解创新	5		
知识目标考核	VXinspect 软件的操作命令	10		
	数据分析与检测的工作流程	10		
	创建检测报告的内容	10		
	板类零件检测报告创建方法	5		
能力目标考核	掌握 VXinspect 软件各操作命令的功能	15		
	掌握零件的数据分析与检测	15		
	掌握创建零件检测报告	10		
总计		100		

 项目小结

　　VXinspect 是 VXelements 的一个完全集成模块，应用于三维扫描质量控制流程。通过产品的 CAD 模型与实际样件之间的对比，实现产品的快速检测，并以直观的色谱图来显示结果，最后可以出具检测报告。本项目围绕检测软件 VXinspect 的产品分析与检测流程展开学习，主要包含以下内容：

　　1）熟悉 VXinspect 软件的操作命令，运用该软件进行产品数据的分析与检测，其步骤如下：导入数据→创建特征与数据对齐→3D 分析→几何公差分析→2D 截面→导出检测报告。

　　2）对板类零件进行数据分析与检测，创建检测报告，完成项目化案例的完整技能训练。

思考题

　　5-1　对薄壁件或者对称件做面片最佳拟合对齐时，有时候会出现对齐不了的结果，为什么？采取什么方法可以解决类似的问题？

　　5-2　VXinspect 在创建 GD&T 评估过程中分几个步骤？

项目六　综合训练

教学导航

项目名称	综合训练	
教学目标	1. 综合三维扫描、逆向建模、分析检测等各环节至整个工作流程 2. 掌握自行车车灯的三维扫描和 CAD 数模重构 3. 掌握箱体类零件的三维扫描和分析检测	
教学重点	1. CAD 数模重构 2. 三维扫描和数据分析检测	
工作任务名称	主要教学内容	
	知识点	技能点
任务一　自行车车灯的三维扫描和 CAD 数模重构	1. 三维扫描 2. CAD 数模重构	1. 学会自行车车灯的三维扫描技术 2. 能够对自行车车灯的三维扫描数据进行数据处理与数模重构
任务二　箱体类零件的三维扫描和分析检测	1. 三维扫描 2. 数据的分析与检测	1. 学会箱体类零件的三维扫描技术 2. 学会阅读图样，根据图样的要求对箱体类零件进行分析检测
教学资源	教材、视频、课件、设备、现场、课程网站等	
教学(活动)组织建议	1. 教师讲解案例的解题思路，学生听课 2. 教师讲解自行车车灯的三维扫描和 CAD 数模重构，学生听课 3. 学生练习自行车车灯的三维扫描和 CAD 数模重构，教师指导 4. 教师讲解箱体类零件的三维扫描和分析检测，学生听课 5. 学生练习箱体类零件的三维扫描和分析检测，教师指导 6. 教师总结	
教学方法建议	讲练结合、案例教学等	
考核方法建议	根据学生对案例综合训练情况、学习态度及职业素养进行现场评价	

任务一　自行车车灯的三维扫描和 CAD 数模重构

【任务描述】

采用 HandySCAN 3D 手持式三维激光扫描仪和 Geomagic Design X 软件获取自行车车灯

的三维可编辑数字模型。

【任务实施】

一、自行车车灯的三维扫描

1. 自行车车灯的三维扫描规划

使用 HandySCAN 3D 手持式三维激光扫描仪获取车灯的三维数据，扫描前必须进行扫描规划，其工作流程如图 6-1 所示。

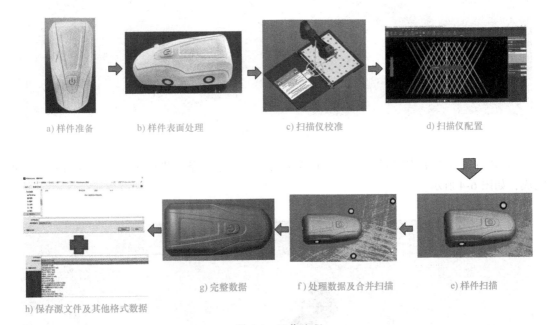

a) 样件准备　　　b) 样件表面处理　　　　　c) 扫描仪校准　　　　　　d) 扫描仪配置

g) 完整数据　　　　f) 处理数据及合并扫描　　　　e) 样件扫描

h) 保存源文件及其他格式数据

图 6-1　工作流程

2. 贴目标点

在自行车车灯样件的两侧各贴两个定位目标点，如图 6-2 所示。

图 6-2　贴目标点

3. 扫描仪校准

1）在 VXelements 软件中单击"扫描仪校准"按钮，进行扫描仪校准。同前，在垂直方向上均匀测量 10 次，在左右方向上测量 2 次，在前后方向上测量 2 次，如图 6-3 所示。

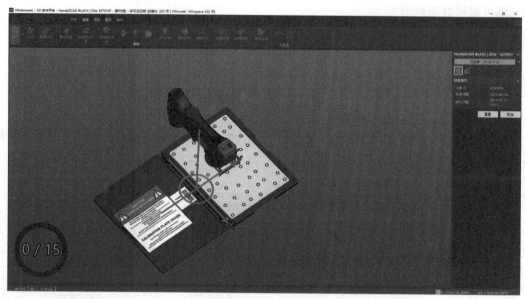

图 6-3　扫描仪校准

2）软件界面左下方圆圈及其里面的数字表示校准进度条，进度条变色完成表示其校准完成，如图 6-4 所示。

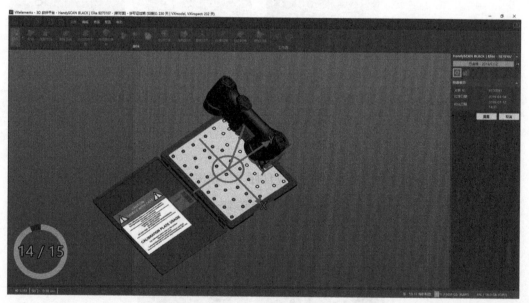

图 6-4　校准进度

3）校准完成以后，系统会提示"校准完成"，单击"是"按钮即可，如图 6-5 所示。

4. 扫描仪配置

单击"自动调整"按钮，确保激光线能够完全平铺在要扫描的表面上，确保扫描仪与样件表面垂直，将扫描仪的激光线平铺在表面上，直至"扫描仪参数已经优化"消息消失，单击"完成"按钮退出该菜单，如图 6-6 所示。

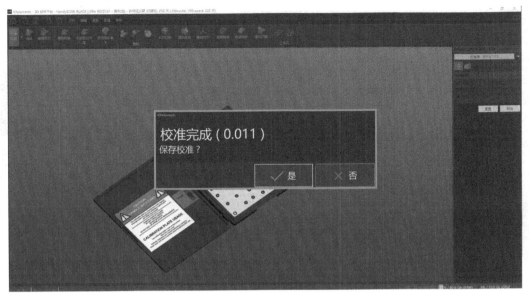

图 6-5　校准完成

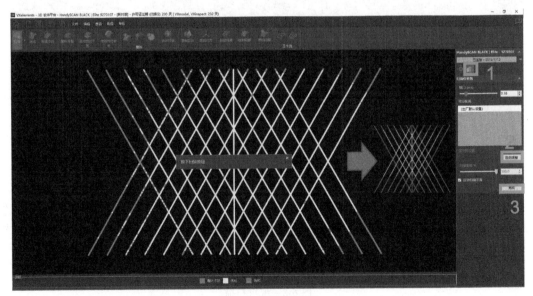

图 6-6　扫描仪配置

5. 扫描

　　扫描仪应始终与样件保持合适的距离，如果扫描仪距离被扫描样件太近或太远，都无法采集数据。扫描仪必须尽量与被扫描表面垂直，可进行多角度的扫描，使两个摄像头都能够拍摄到同一束激光线的反射线，扫描结果如图 6-7 所示。

6. 编辑扫描

　　1）在 VXelements 软件中单击"编辑扫描"图标，进入编辑界面，选择主体和自由形状命令，按住〈Ctrl〉键，单击选择自行车车灯和自行车车灯上的四个定位目标点，如图 6-8所示。

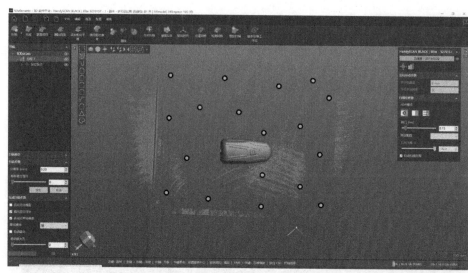

E6-1 车灯
扫描

图 6-7　车灯扫描

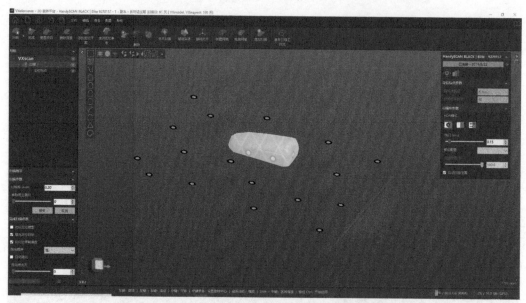

图 6-8　编辑扫描

2）单击"反选"功能按钮，除了主体部分，其他孤立的面片被选中，如图 6-9 所示。单击"删除"图标，系统会删除孤立点。

7. 停止扫描

单击"完成"图标，系统完成扫描，最终得到完整的一侧扫描数据，保存扫描源文件（.csf 文件），如图 6-10 所示。

8. 翻转扫描

翻转自行车车灯样件，单击"添加扫描"按钮，重复以上步骤，最终得到自行车车灯完整的另一侧扫描数据，保存扫描源文件（.csf 文件），如图 6-11 所示。

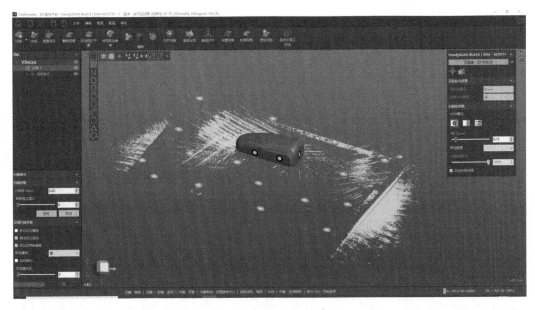

图 6-9　反选数据

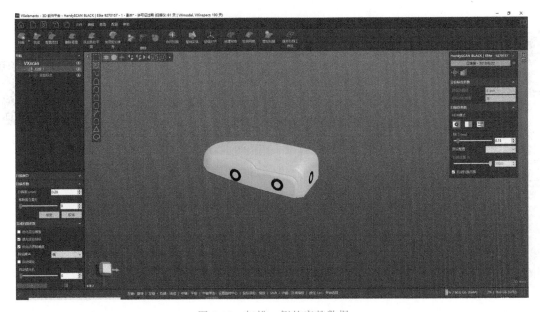

图 6-10　扫描一侧的完整数据

9. 合并扫描

1) 单击"合并扫描"图标，添加前后两次扫描保存的源文件，选择目标最佳拟合的方法，单击"对齐"按钮，如图 6-12 所示。

2) 根据提示，单击"对齐"按钮，数据就自动对齐到一起，然后单击"接受"按钮，最后单击"合并"按钮，如图 6-13 所示。

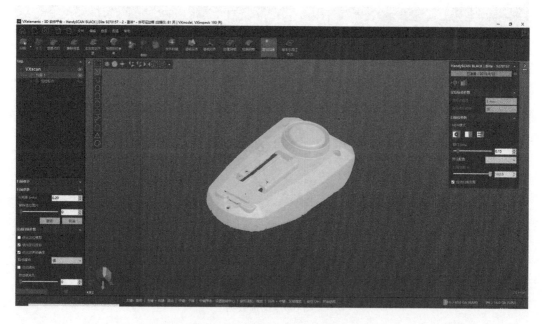

图 6-11　扫描另一侧的完整数据

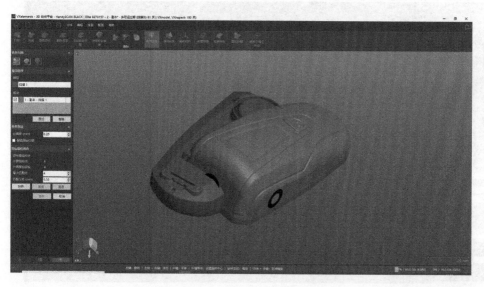

图 6-12　合并扫描

E6-2　车灯合
并扫描

3）单击"合并"按钮后，最终得到一个完整的自行车车灯 .stl 数据，如图 6-14 所示。

10. 保存数据

1）选择"文件"→"任务另存为"菜单命令，保存自行车车灯的三维扫描数据，如图 6-15 所示。

2）还可以保存成其他格式的文件，如 .stl、3D 点云等，如图 6-16 所示。

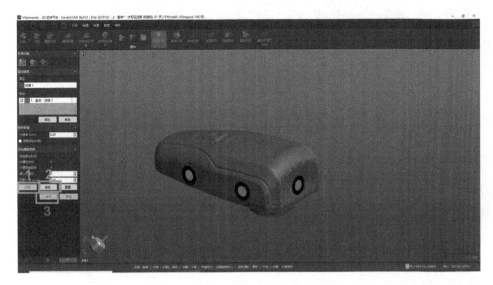

E6-3　车灯
对齐数据

图 6-13　对齐数据

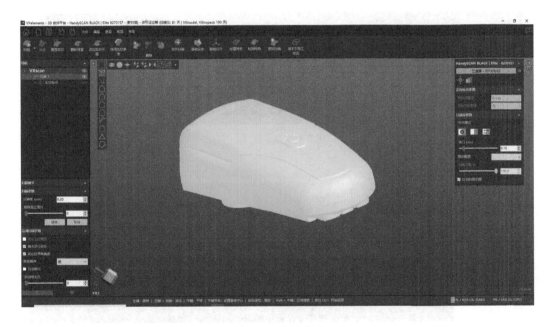

图 6-14　合并完成

二、自行车车灯的 CAD 数模重构

1. .stl 数据导入

在 Geo magic Design X 软件中选择"插入"→"导入"菜单命令，选择自行车车灯三维扫描数据文件（.stl），单击"仅导入"按钮，如图 6-17 所示。

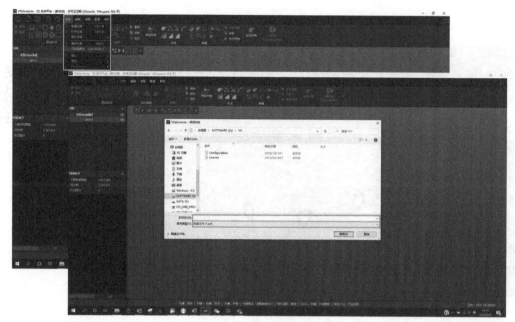

图 6-15　保存源文件

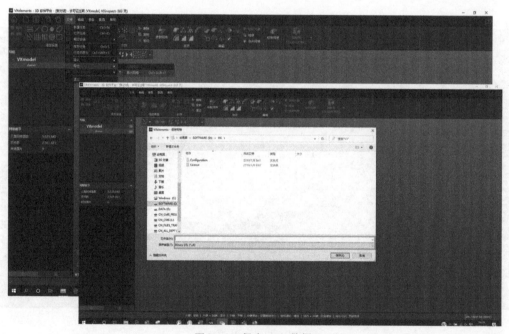

图 6-16　保存 STL 数据

2. 领域分割

1）单击"领域"选项卡中的自动分割图标 ，进入自动分割领域模式，首先采用自动分割划分领域，如图 6-18 所示，见彩色插页。

2）再采用"领域"选项卡中的"分割"和"合并"命令，重新划分领域，如图 6-19 所示，见彩色插页。

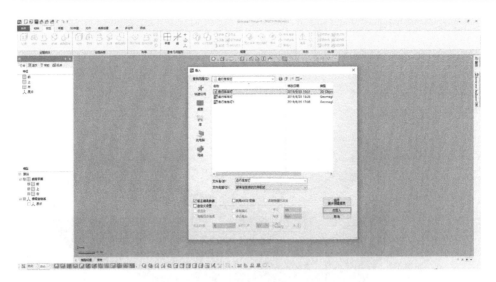

图 6-17 .stl 数据导入

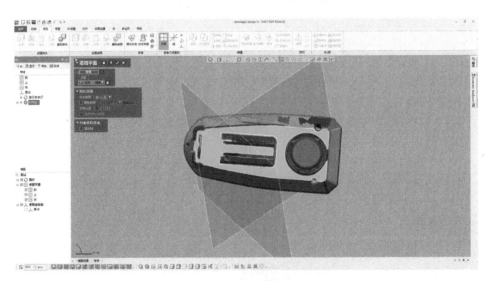

图 6-20 构建平面 1

E6-4 车灯
平面 1

3. 坐标系摆正

1）单击"模型"选项卡中的平面图标⊞，要素选择底平面的领域，方法选择"提取"，构建平面 1，如图 6-20 所示。

2）单击"模型"选项卡中的线图标，要素选择底部圆柱的侧面，方法选择"检索圆柱轴"，构建中心线，如图 6-21 所示。

3）单击"模型"选项卡中的平面图标⊞，方法选择"绘制直线"，构建平面 2，如图 6-22 所示。

4）继续按住自行车车灯和平面 2，单击"模型"选项卡中的平面图标⊞，方法自动选择"镜像"，构建平面 3，如图 6-23 所示。

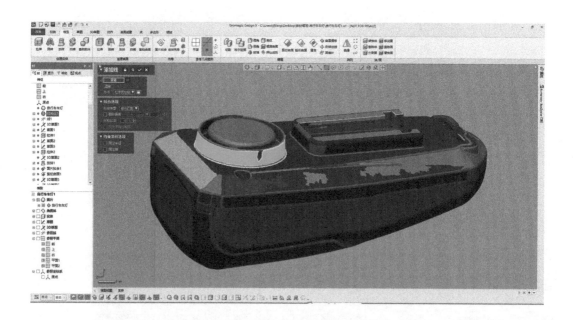

图 6-21　构建中心线

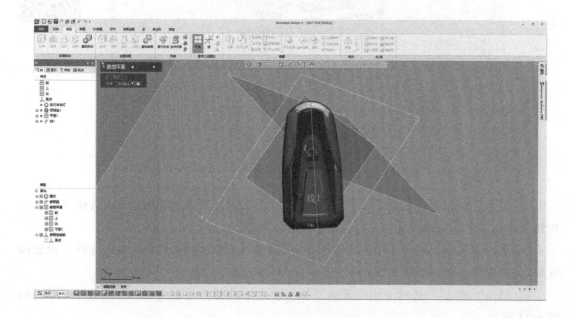

图 6-22　构建平面 2

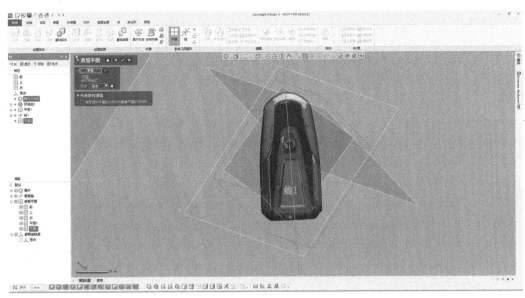

图 6-23　构建平面 3

5）继续按住构造线 1 和平面 3，单击"模型"选项卡的平面图标 ⊞，方法自动选择
"投影"，构建平面 4，如图 6-24 所示。

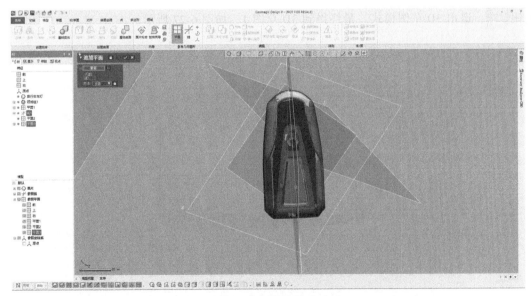

图 6-24　构建平面 4

6）单击"对齐"选项卡中的手动对齐图标 ⊞，移动方法选择 X-Y-Z，位置选择平面 1
和线 1，X 轴选择平面 1，Y 轴选择平面 4，如图 6-25 所示，见彩色插页。

7）对齐好以后，单击选择平面 3 特征节点，右击选择"删除"，如图 6-26 所示。

4. 车灯主体逆向建模

1）单击"3D 草图"选项卡中的 3D 草图图标 ⟋，再单击样条曲线图标 ⟋，围绕自行

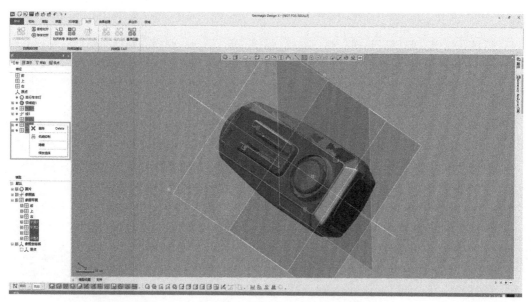

图 6-26　删除特征

车车灯数据的侧边轨迹绘制曲线。下一步单击延长图标 ，延长曲线的两头（15mm 左右）；然后单击偏移图标 偏移 偏移 1mm，得到两条样条曲线；最后单击界面右下角的"退出"按钮 ，退出 3D 草图模式。最终得到 3D 草图 1，如图 6-27 所示。

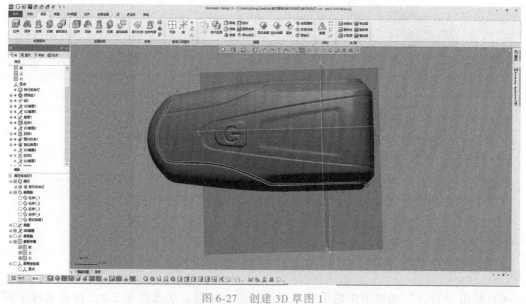

图 6-27　创建 3D 草图 1

2）单击"草图"选项卡中的草图图标 ，利用直线和圆弧等草图命令绘制曲线，最后单击界面右下角的"退出"按钮 ，退出草图模式。最终得到草图 1，如图 6-28 所示。

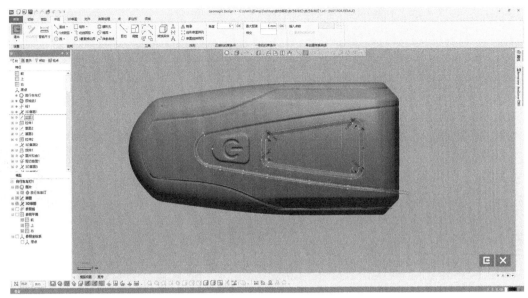

图 6-28 创建草图 1

3）单击"模型"选项卡中的拉伸图标 ，基准草图选择"草图 1"，参数设置如图 6-29 所示，得到拉伸 1。

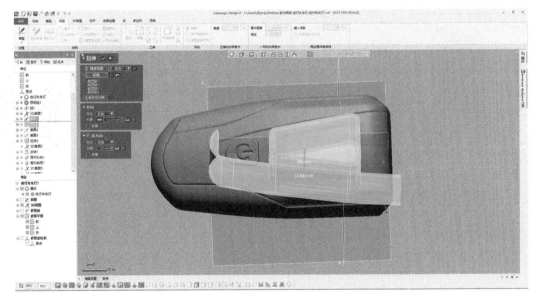

图 6-29 拉伸 1

4）单击"模型"选项卡中的放样向导图标 ，选择自行车车灯模型中的目标领域（见二维码 E6-5），得到放样 1，如图 6-30 所示。

5）单击"模型"选项卡中的面片拟合图标 ，选择自行车车灯模型中的目标领域（见二维码 E6-6），得到面片拟合 1，如图 6-31 所示。

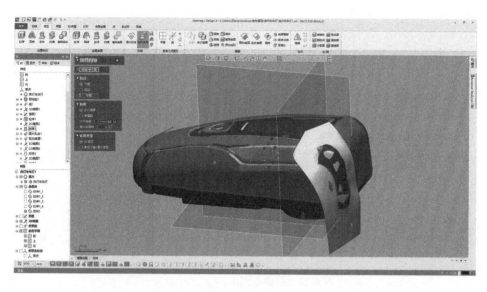

E6-5　车灯
放样 1

图 6-30　放样 1

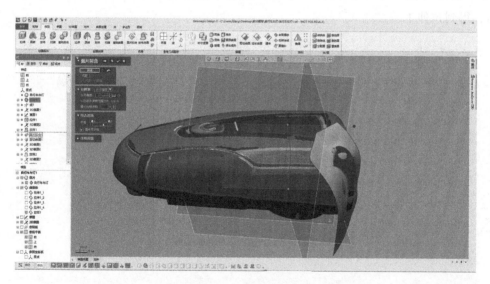

E6-6　车灯
面片拟合 1

图 6-31　面片拟合 1

6）单击"模型"选项卡中的剪切曲面图标 ，工具要素选择面片拟合 1 和放样 1，不勾选，"对象"复选框，残留体选择要保留的曲面，得到剪切曲面 1，如图 6-32 所示。

7）单击"模型"选项卡中的放样向导图标 ，选择自行车车灯模型中的目标领域，得到放样 2（见二维码 E6-7），如图 6-33 所示。

8）单击"模型"选项卡中的放样向导图标 ，选择自行车车灯模型中的目标领域，得到放样 3（见二维码 E6-8），如图 6-34 所示。

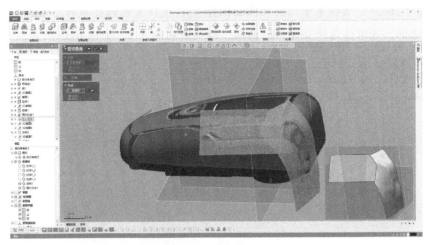

图 6-32　剪切曲面 1

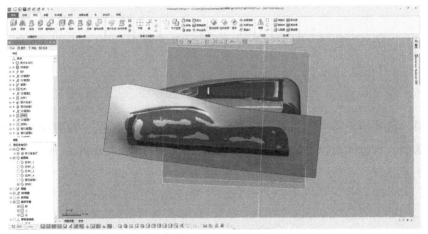

图 6-33　放样 2

E6-7　车灯
放样 2

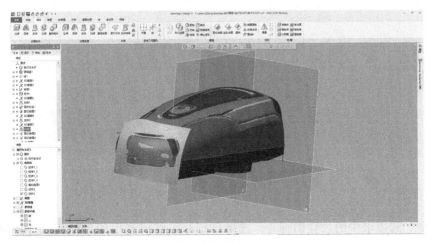

图 6-34　放样 3

E6-8　车灯
放样 3

9）单击"模型"选项卡中的剪切曲面图标，工具要素选择放样 2 和放样 3，不勾选"对象"复选框，残留体选择要保留的曲面，得到剪切曲面 2，如图 6-35 所示。

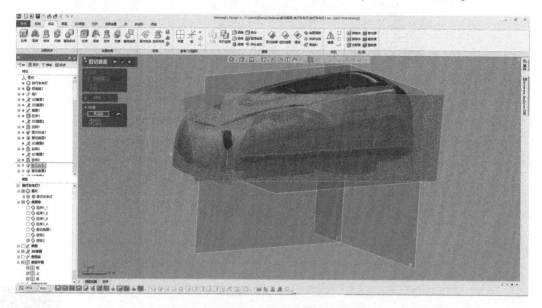

图 6-35　剪切曲面 2

10）单击"模型"选项卡中的剪切曲面图标，工具要素选择草图链 1 和剪切曲面 2，不勾选"对象"复选框，残留体选择要保留的曲面，得到剪切曲面 3，如图 6-36 所示。

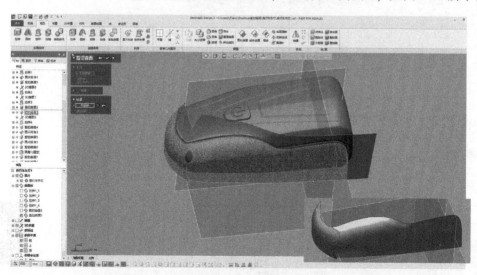

图 6-36　剪切曲面 3

11）单击"模型"选项卡中的放样图标，选择自行车车灯模型中的目标领域，得到放样 4（见二维码 E6-9），如图 6-37 所示。

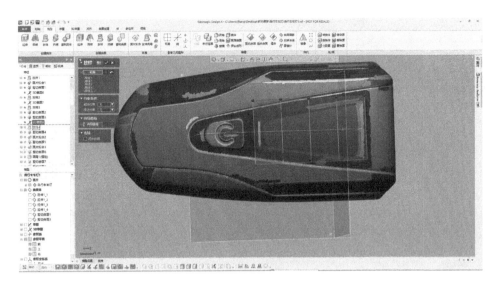

E6-9　车灯
放样 4

图 6-37　放样 4

12）单击"模型"选项卡中的剪切曲面图标 ，工具要素选择放样 4 和拉伸 1-3，不勾选"对象"复选框，得到剪切曲面 4，如图 6-38 所示。

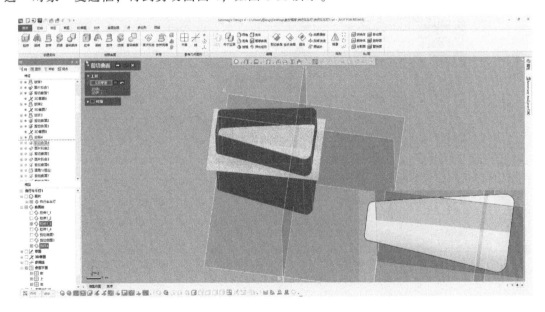

图 6-38　剪切曲面 4

13）单击"模型"选项卡中的面片拟合图标 ，选择自行车车灯模型中的目标领域，得到面片拟合 2（见二维码 E6-10），如图 6-39 所示。

14）单击"模型"选项卡中的剪切曲面图标 ，工具要素选择拉伸 1-1 和面片拟合 2，不勾选"对象"复选框，得到剪切曲面 5，如图 6-40 所示。

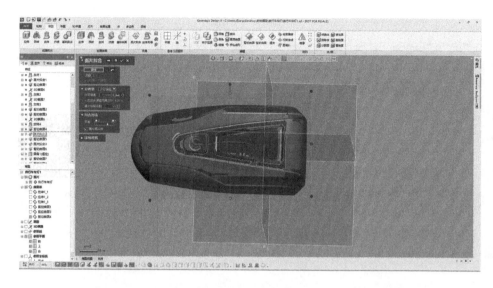

图 6-39 面片拟合 2

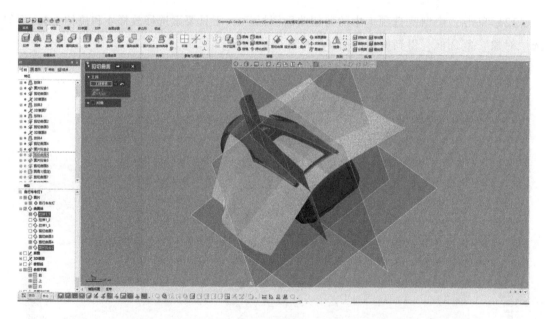

图 6-40 剪切曲面 5

15）单击"模型"选项卡中的面片拟合图标 ，选择自行车车灯模型中的目标领域，得到面片拟合 3（见二维码 E6-11），如图 6-41 所示。

16）单击"模型"选项卡中的剪切曲面图标，工具要素选择剪切曲面 1 和面片拟合 3，不勾选"对象"复选框，得到剪切曲面 6，如图 6-42 所示。

17）单击"草图"选项卡中的圆角图标，方法选择"固定圆角"，要素选择特征的边线，倒圆角的参数设置如图 6-43 所示。

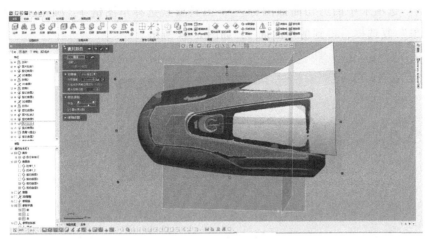

图 6-41 面片拟合 3

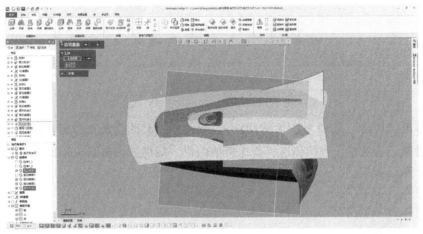

图 6-42 剪切曲面 6

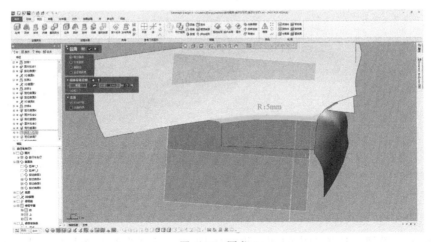

图 6-43 圆角 1

18）单击"模型"选项卡中的剪切曲面图标 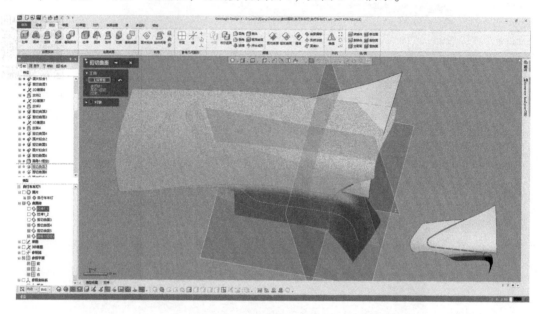，工具要素选择草图链 1、圆角 1 和拉伸 1-1，不勾选"对象"复选框，得到剪切曲面 7，如图 6-44 所示。

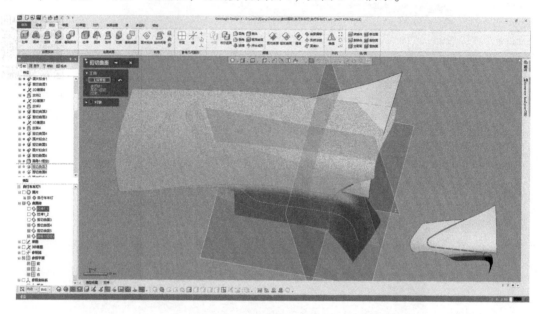

图 6-44　剪切曲面 7

19）单击"模型"选项卡中的剪切曲面图标 ，工具要素选择剪切曲面 5 和拉伸 1，不勾选"对象"复选框，残留体选择要保留的曲面，得到剪切曲面 8，如图 6-45 所示。

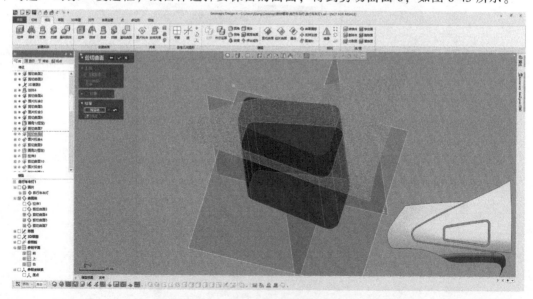

图 6-45　剪切曲面 8

20）单击"模型"选项卡中的面片拟合图标 ，选择自行车车灯模型中的目标领域，得到面片拟合 4（见二维码 E6-12），如图 6-46 所示。

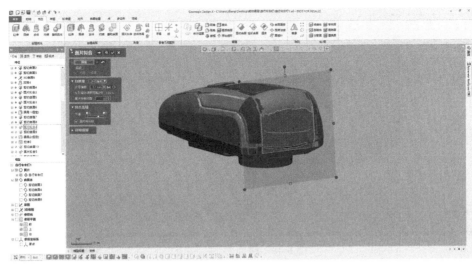

E6-12 车灯
面片拟合 4

图 6-46 面片拟合 4

21）单击"模型"选项卡中的剪切曲面图标，工具要素选择剪切曲面 8 和面片拟合 4，不勾选对象"选择"复选框，得到剪切曲面 9，如图 6-47 所示。

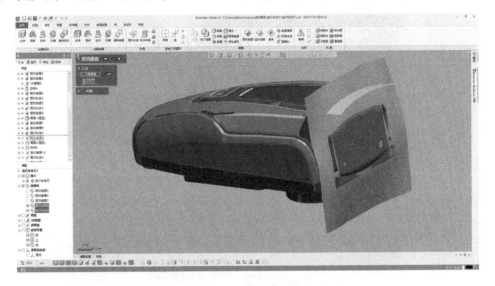

图 6-47 剪切曲面 9

22）单击"草图"选项卡中的圆角图标，方法选择"固定圆角"，要素选择特征的边线，倒圆角的参数设置如图 6-48 所示。

23）单击"模型"选项卡中的拉伸图标，基准草图选择"草图 1"（因为之前拉伸的曲面都被剪切掉），参数设置如图 6-49 所示，得到拉伸 3。

24）单击"模型"选项卡中的剪切曲面图标，工具要素选择圆角 2 和拉伸 3-1，不勾选"对象"复选框，得到剪切曲面 10，如图 6-50 所示。

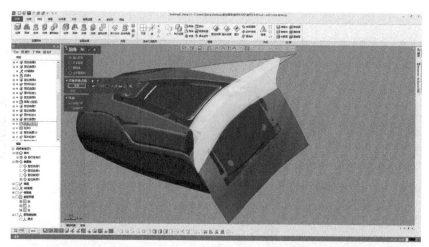

图 6-48　圆角 2

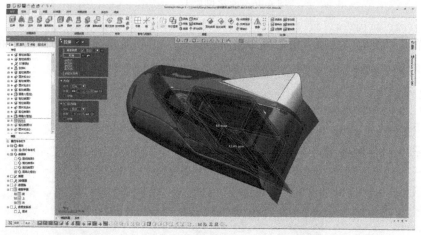

图 6-49　拉伸 3

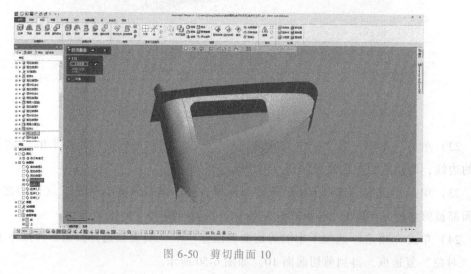

图 6-50　剪切曲面 10

25）单击"模型"选项卡中的面片拟合图标 ，选择自行车车灯模型中的目标领域，得到面片拟合 5（见二维码 E6-13），如图 6-51 所示。

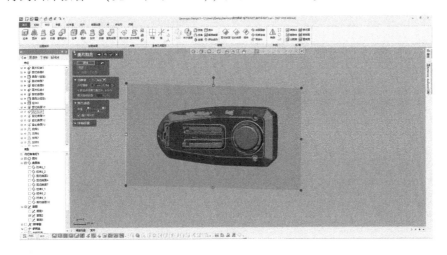

E6-13 车灯
面片拟合 5

图 6-51 面片拟合 5

26）单击"模型"选项卡中的剪切曲面图标 ，工具要素选择剪切曲面 4、7、10 和上平面，不勾选"对象"复选框，得到剪切曲面 11，如图 6-52 所示。

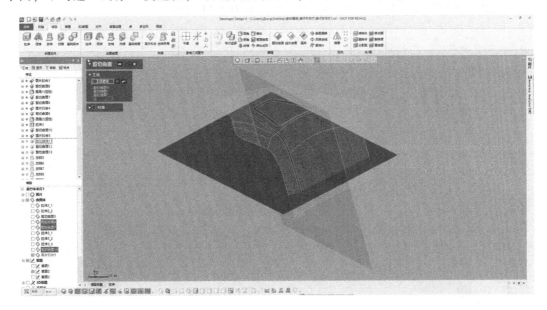

图 6-52 剪切曲面 11

27）单击"模型"选项卡中的剪切曲面图标 ，工具要素选择剪切曲面 3 和面片拟合 5，不勾选对象"选择"复选框，残留体选择要保留的曲面，得到剪切曲面 12，如图 6-53 所示。

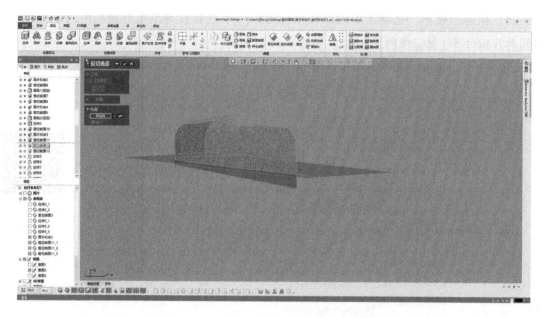

图 6-53　剪切曲面 12

28）单击"模型"选项卡中的剪切曲面图标 ，工具要素选择剪切曲面 12 和上平面，不勾选对象"选择"复选框，得到剪切曲面 13，如图 6-54 所示。

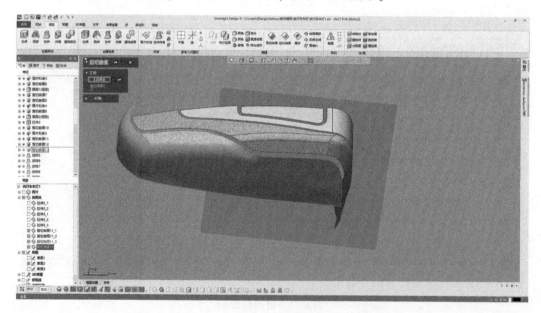

图 6-54　剪切曲面 13

29）单击"模型"选项卡中的放样图标 ，轮廓选择两曲面的边沿，一小段一小段地选择，参数设置如图 6-55 所示，最终得到放样 5、6、7、8、9、10。

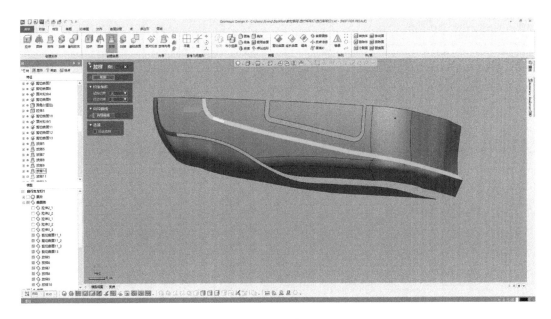

图 6-55　放样 5~10

30）单击"模型"选项卡中的放样图标 ，轮廓选择两曲面的边沿，参数设置如图 6-56 所示，最终得到放样 11、12、13、14。

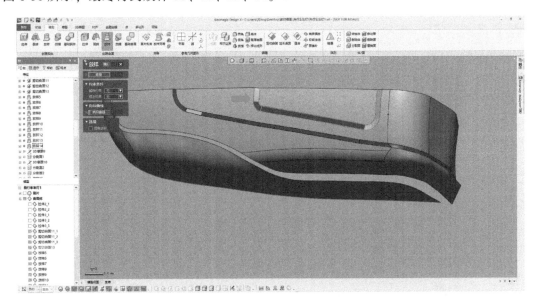

图 6-56　放样 11~14

31）单击"3D 草图"选项卡中的 3D 草图图标 ，再单击样条曲线 ，在如图 6-57 所示的曲面上绘制曲线，最后单击界面右下角的"退出"按钮 ，退出 3D 草图模式。最终得到 3D 草图 9 和 10，如图 6-57 所示。

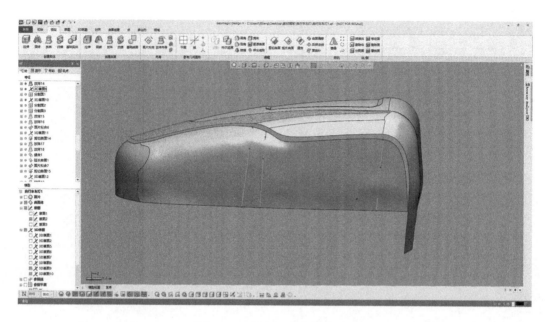

图 6-57　绘制 3D 草图 9 和 10

32）单击"模型"选项卡中的分割面图标 分割面，工具要素选择 3D 草图 9，对象要素选择如图 6-58 所示的高亮平面，最终得到分割面 1。

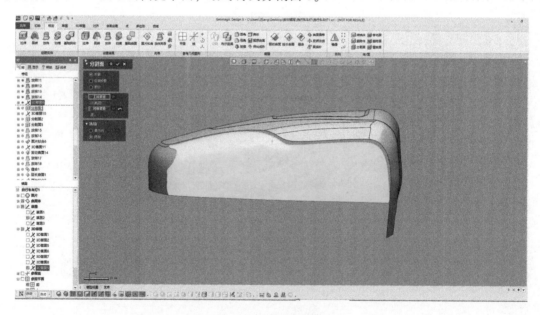

图 6-58　分割面 1

33）单击"模型"选项卡中的分割面图标 分割面，工具要素选择 3D 草图 10，对象要素选择如图 6-59 所示的高亮平面，最终得到分割面 2 和 3。

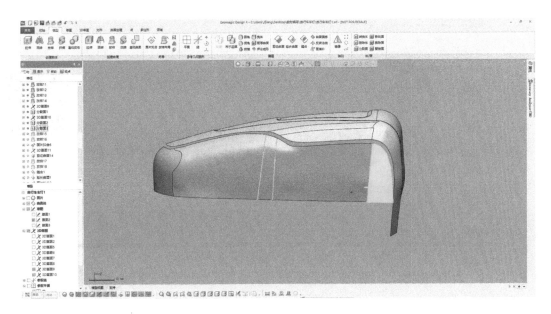

图 6-59 分割面 2 和 3

34）单击"模型"选项卡中的放样图标 ，轮廓选择两曲面的边沿，参数设置如图 6-60 所示，最终得到放样 15、16、17、18。

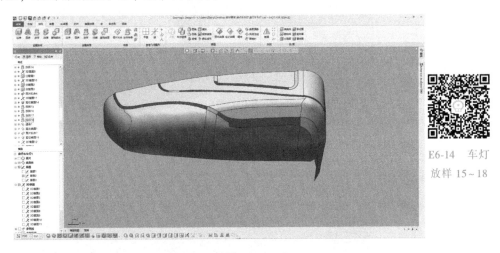

E6-14 车灯
放样 15～18

图 6-60 放样 15～18

35）单击"模型"选项卡中的缝合图标 ，曲面体选择要缝合的曲面，得到缝合 1，如图 6-61 所示。

36）单击"模型"选项卡中的延长曲面图标 ，选择要延长的曲面边沿，参数设置如图 6-62 所示，最终得到延长曲面 1。

37）单击"模型"选项卡中的面片拟合图标 ，选择自行车车灯模型中的目标领域（见二维码 E6-16），得到面片拟合 7，如图 6-63 所示。

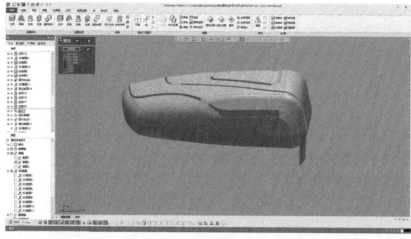

E6-15　车灯
缝合 1

图 6-61　缝合 1

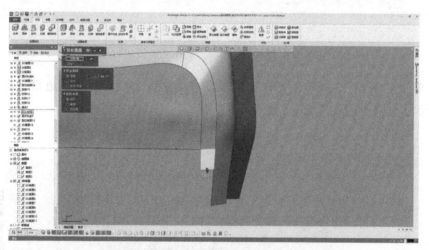

图 6-62　延长曲面 1

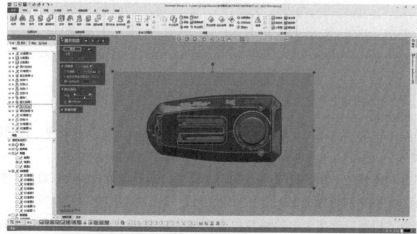

E6-16　车灯
面片拟合 7

图 6-63　面片拟合 7

38）单击"模型"选项卡中的剪切曲面图标 <img>，工具要素选择上平面、放样 18 和面片拟合 7，不勾选"对象"复选框，残留体选择要保留的曲面，得到剪切曲面 15，如图 6-64 所示。

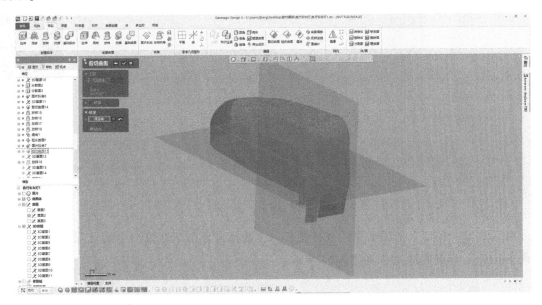

图 6-64 剪切曲面 15

39）单击"模型"选项卡中的放样图标 <img>，选择自行车车灯模型中的目标领域（见二维码 E6-17），得到放样 19，如图 6-65 所示。

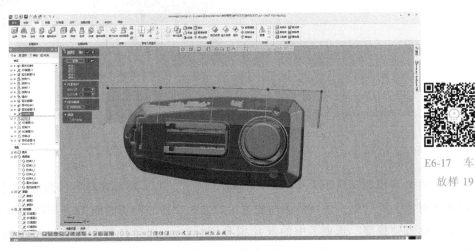

E6-17 车灯
放样 19

图 6-65 放样 19

40）单击"模型"选项卡中的放样图标 <img>，选择自行车车灯模型中的目标领域（见二维码 E6-18），得到放样 21，如图 6-66 所示。

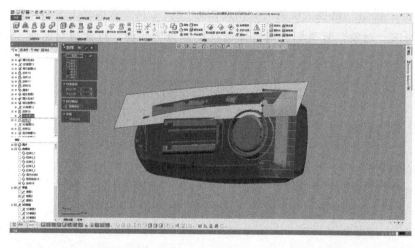

图 6-66 放样 21

41) 单击"模型"选项卡中的放样图标 ，选择自行车车灯模型中的目标领域（见二维码 E6-19），得到放样 22，如图 6-67 所示。

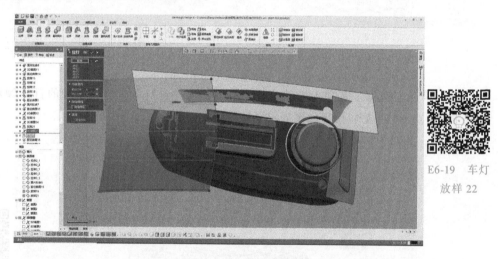

图 6-67 放样 22

42) 单击"模型"选项卡中的剪切曲面图标，工具要素选择剪切曲面 17 和放样 21，不勾选"对象"复选框，残留体选择要保留的曲面，得到剪切曲面 18，如图 6-68 所示。

43) 单击"模型"选项卡中的面片拟合图标，选择自行车车灯模型中的目标领域（见二维码 E6-20），得到面片拟合 8，如图 6-69 所示。

44) 单击"模型"选项卡中的剪切曲面图标，工具要素选择剪切曲面 18 和面片拟合 8，不勾选"对象"复选框，得到剪切曲面 19，如图 6-70 所示。

45) 单击"模型"选项卡中的剪切曲面图标，工具要素选择剪切曲面 19 和上平面，不勾选"对象"复选框，得到剪切曲面 20，如图 6-71 所示。

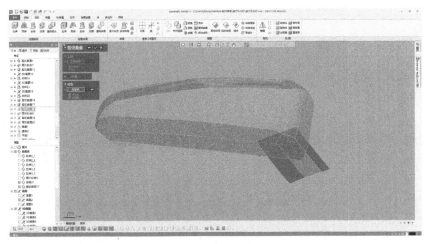

图 6-68　剪切曲面 18

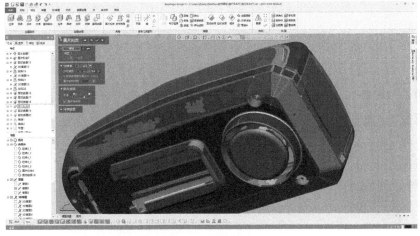

E6-20　车灯
面片拟合 8

图 6-69　面片拟合 8

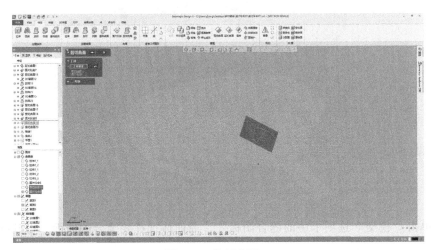

图 6-70　剪切曲面 19

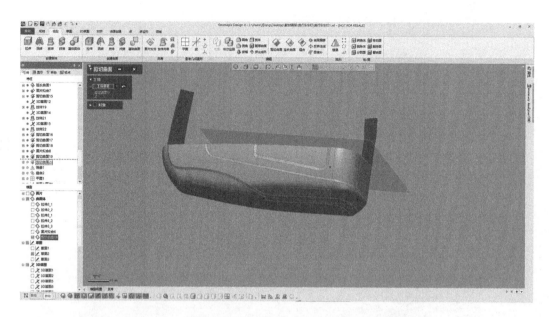

图 6-71　剪切曲面 20

46）单击"模型"选项卡中的镜像图标，体选择剪切曲面 20，对称平面选择上平面，最终得到镜像 1，如图 6-72 所示。

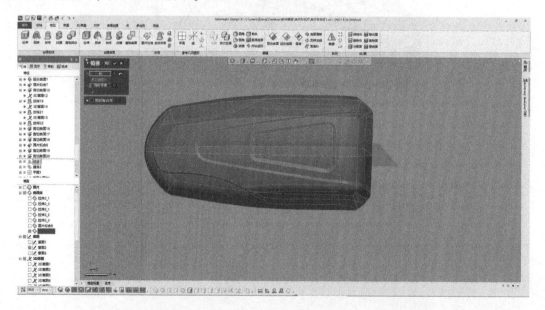

图 6-72　镜像 1

47）单击"模型"选项卡中的缝合图标，曲面体选择要缝合的曲面，得到缝合 2，如图 6-73 所示。

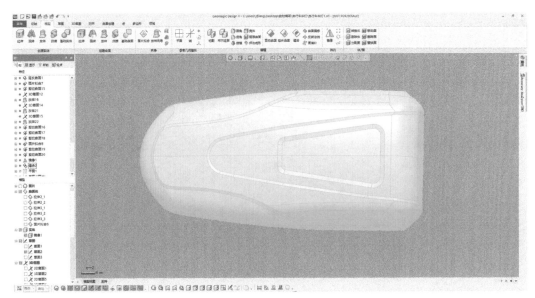

图 6-73　缝合 2

5. 车灯局部建模

1）单击"模型"选项卡中的平面图标⊞，要素选择凸台的上表面，方法选择"提取"，构建平面 1，如图 6-74 所示。

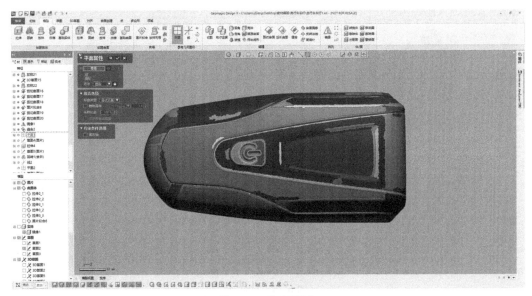

图 6-74　构建平面 1

2）单击"草图"选项卡中的面片草图图标，选择平面 1 为基准平面，进入面片草图模式截取横截面，截取需要的参照线，然后单击界面左上角的按钮✔。使用"草图"选项卡中的绘制操作组和工具操作组来绘制如图 6-75 所示的草图 4，最后单击界面右下角的"退出"按钮，退出面片草图模式。

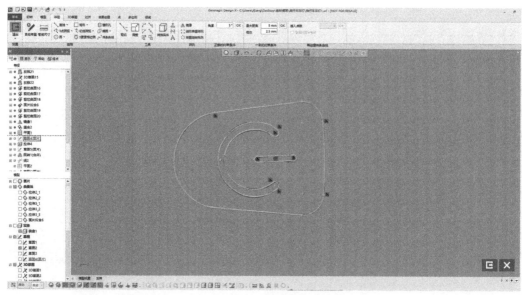

图 6-75　绘制草图 4

3）单击"模型"选项卡中的拉伸图标 ，基准草图选择"草图 4"，参数设置如图 6-76 所示，最终得到拉伸 4。

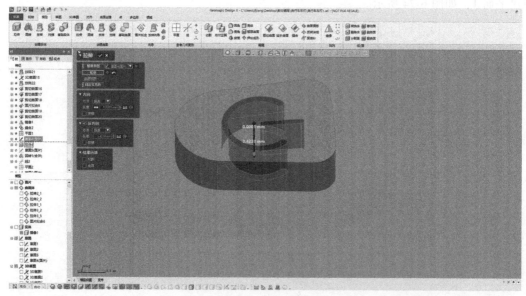

图 6-76　拉伸 4

4）单击"草图"选项卡中的面片草图图标 ，选择上平面为基准平面，进入面片草图模式截取横截面，截取需要的参照线，然后单击界面左上角的按钮 。使用"草图"选项卡中的绘制操作组和工具操作组来绘制如图 6-77 所示的草图 5，最后单击界面右下角的"退出"按钮 ，退出面片草图模式。

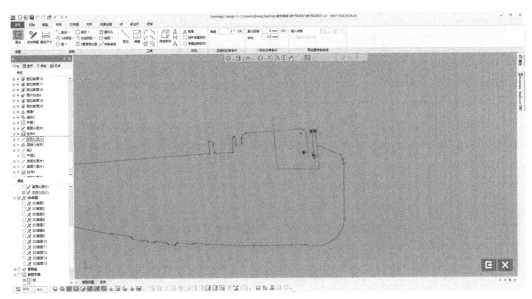

图 6-77 草图 5

5）单击"模型"选项卡中的回转图标 ，参数如图 6-78 所示，基准草图选择"草图5"，轴（即旋转轴线）选择中心线，最终得到回转 1。

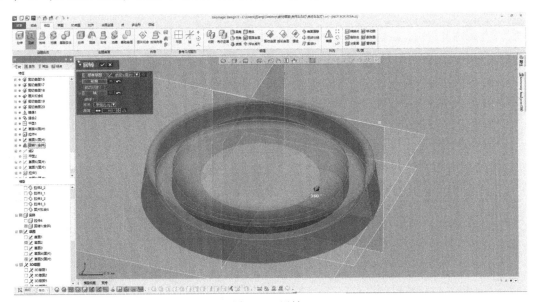

图 6-78 回转 1

6）单击"草图"选项卡中的面片草图图标 ，选择右平面为基准平面，进入面片草图模式截取横截面，截取需要的参照线，然后单击界面左上角的按钮 。使用"草图"选项卡中的绘制操作组和工具操作组来绘制如图 6-79 所示的草图 7，最后单击界面右下角的"退出"按钮 ，退出面片草图模式。

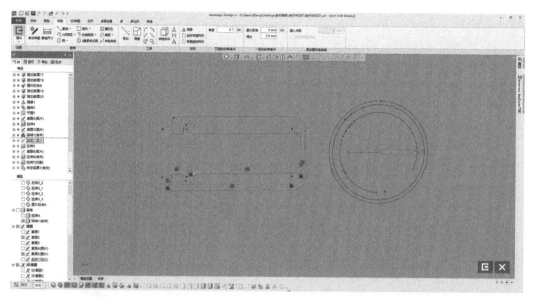

图 6-79　草图 7

7）单击"模型"选项卡中的拉伸图标 ，基准草图选择"草图 7"，参数设置如图 6-80 所示，最终得到拉伸 5。

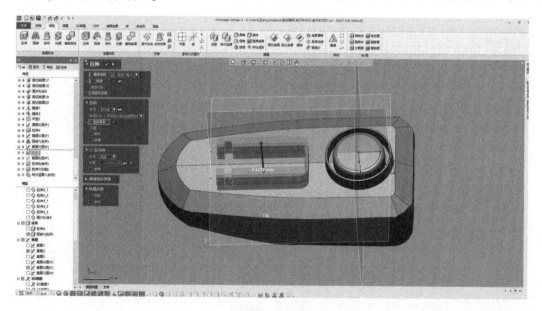

图 6-80　拉伸 5

8）单击"草图"选项卡中的面片草图图标 ✎，选择右平面为基准平面，进入面片草图模式截取横截面，截取需要的参照线，然后单击界面左上角的按钮 ✔。使用"草图"选项卡中的绘制操作组和工具操作组来绘制如图 6-81 所示的草图 8，最后单击界面右下角的"退出"按钮 ⧉，退出面片草图模式。

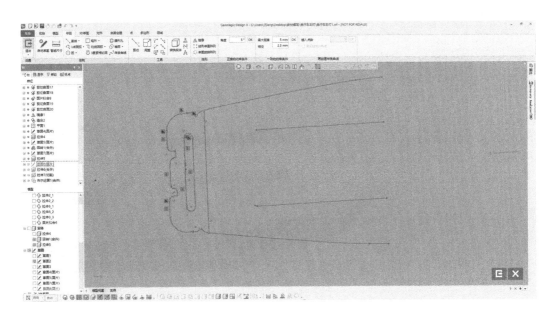

图 6-81 草图 8

9）单击"模型"选项卡中的拉伸图标，基准草图选择"草图 8"，参数设置如图 6-82 所示，最终得到拉伸 6。

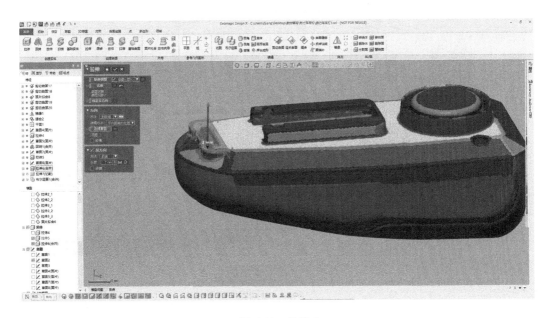

图 6-82 拉伸 6

10）单击"模型"选项卡中的拉伸图标，基准草图选择"草图 8"，参数设置如图 6-83 所示，最终得到拉伸 7。

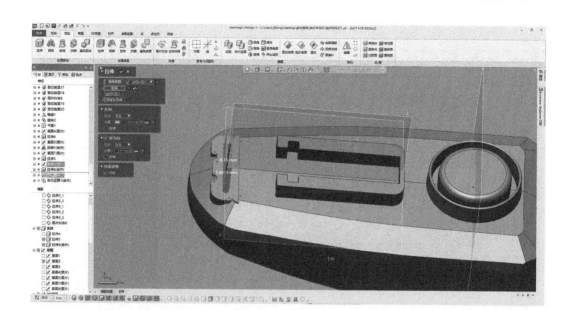

图 6-83　拉伸 7

11）单击"草图"选项卡中的圆角图标 <img>圆角</img> ，方法选择"固定圆角"，要素选择特征的边线，倒圆角的参数设置如图 6-84 所示。

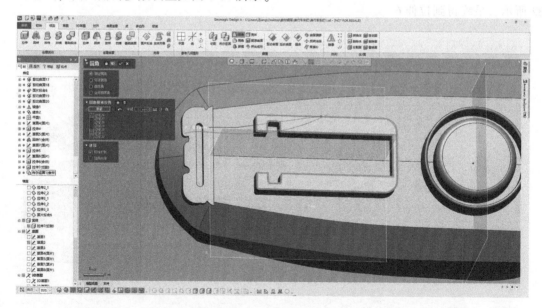

图 6-84　倒圆角

6. 布尔运算

单击"模型"选项卡中的布尔运算图标 <img>布尔运算</img> ，操作方法选择"合并"，工具要素选择所有的特征实体，如图 6-85 所示。

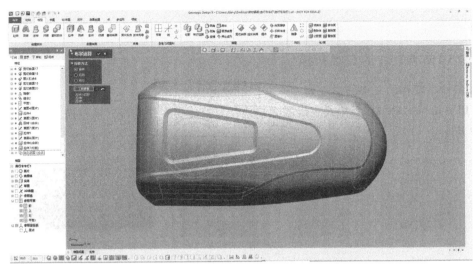

图 6-85 布尔运算

7. 导出数据

最终得到一个完整的 CAD 数模，如图 6-86 所示。

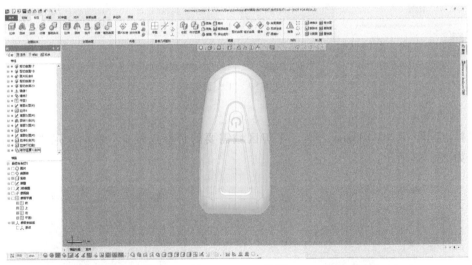

图 6-86 CAD 数模

任务二 箱体类零件的三维扫描和分析检测

【任务描述】

采用 HandySCAN 3D 手持式三维激光扫描仪完成箱体类零件的三维扫描，根据所提供的样件图样，使用 VXinspect 软件对获取的扫描数据进行分析检测，最后出具一份完成的检测报告。

【任务实施】

一、箱体类零件的三维扫描

1. 箱体类零件的三维扫描规划

使用 HandySCAN 3D 手持式三维激光扫描仪对箱体类零件进行三维扫描，其工作流程如图 6-87 所示。

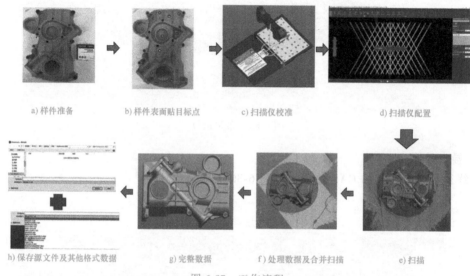

a) 样件准备　　　b) 样件表面贴目标点　　　c) 扫描仪校准　　　　　d) 扫描仪配置

h) 保存源文件及其他格式数据　　g) 完整数据　　f) 处理数据及合并扫描　　e) 扫描

图 6-87　工作流程

2. 贴目标点

目标点间距在 20~100mm 之间，平坦区域需要的目标点较少，弯曲区域需要的目标点较多，如图 6-88 所示。

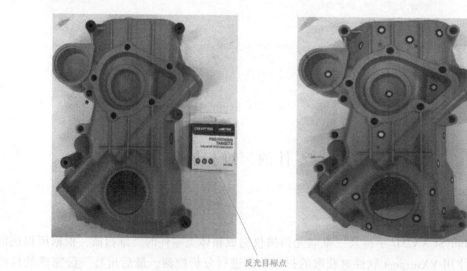
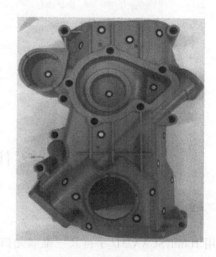

反光目标点
图 6-88　贴目标点

3. 扫描仪校准

1）在 VXelements 软件中单击"扫描仪校准"按钮，进行扫描仪校准。同前，在垂直方向上均匀测量 10 次，在左右方向上测量 2 次，在前后方向上测量 2 次，如图 6-89 所示。

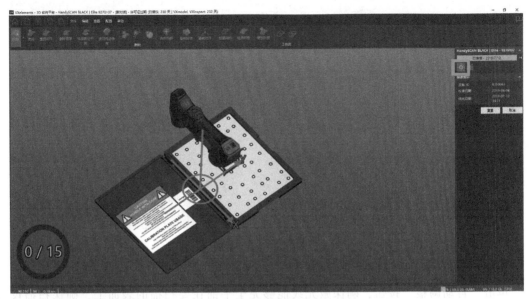

图 6-89　扫描仪校准

2）软件界面左下方圆圈及其里面的数字表示校准进度条，进度条变色完成表示校准完成，如图 6-90 所示。

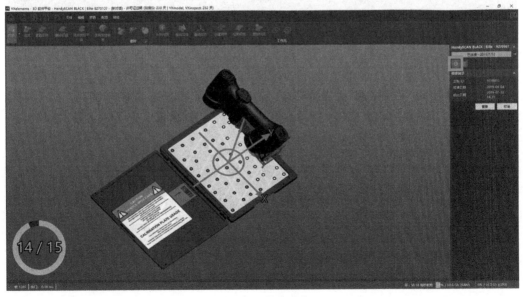

图 6-90　校准进度

3）校准完成以后，系统会提示"校准完成"，单击"是"按钮即可，如图 6-91 所示。

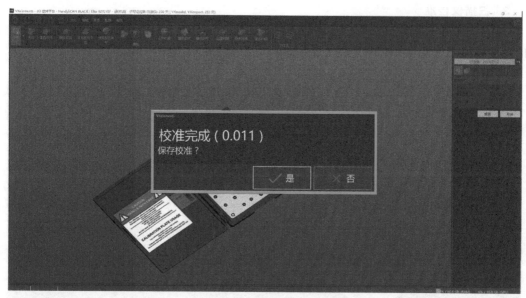

图 6-91　校准完成

4. 扫描仪配置

单击"自动调整"按钮，确保激光线能够完全平铺在要扫描的表面上，确保扫描仪与样件表面垂直，将扫描仪的激光线平铺在表面上，直至"扫描仪参数已经优化"消息消失，单击"完成"按钮退出该菜单，如图 6-92 所示。

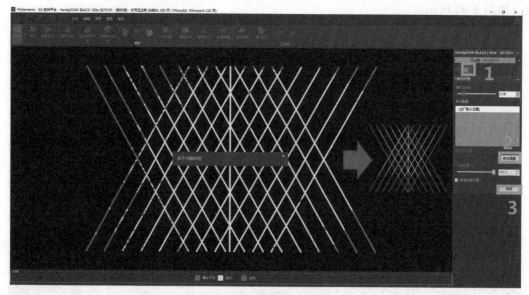

图 6-92　扫描仪配置

5. 扫描

扫描仪应始终与样件保持合适的距离，如果扫描仪距离被扫描样件太近或太远，都无法采集数据。扫描仪必须尽量与被扫描表面垂直，可进行多角度的扫描，使两个摄像头都能够拍摄到同一束激光线的反射线，扫描结果如图 6-93 所示。

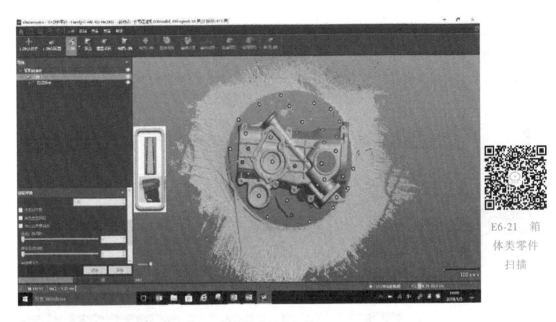

E6-21 箱体类零件扫描

图 6-93　箱体类零件扫描

6. 编辑扫描

1）在 VXelements 软件中单击"编辑扫描",进入编辑界面,单击"背景"按钮,按住 <Ctrl>键,单击选择底部的背景,如图 6-94 中变色部分,然后单击"删除"。

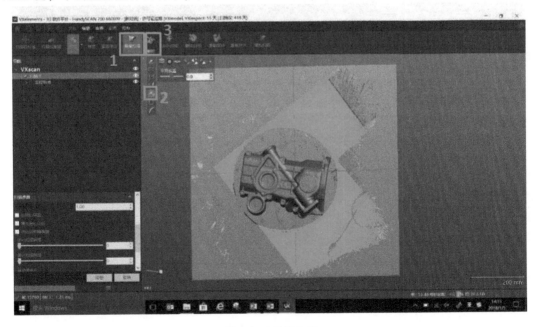

图 6-94　编辑扫描

2）单击"整体"按钮,按住<Ctrl>键,单击选择主体部分,如图 6-95 中变色部分,软件会自动将与主体相连的部位一起选中,如图 6-95 所示。

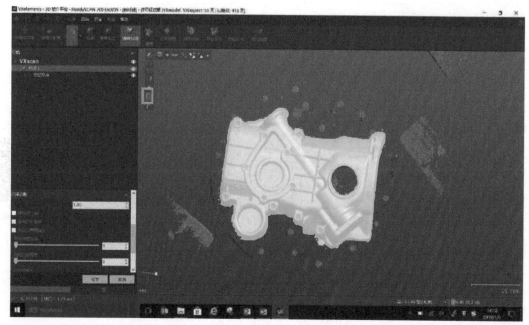

图 6-95　选择主体

3）单击"反选"功能按钮，除了主体部分，其他孤立的面片被选中，如图 6-96 所示。单击"删除"，系统会删除孤立点。

图 6-96　反选数据

7. 停止扫描

单击"完成"图标，系统完成扫描，最终得到一个完整的扫描数据，如图 6-97 所示。

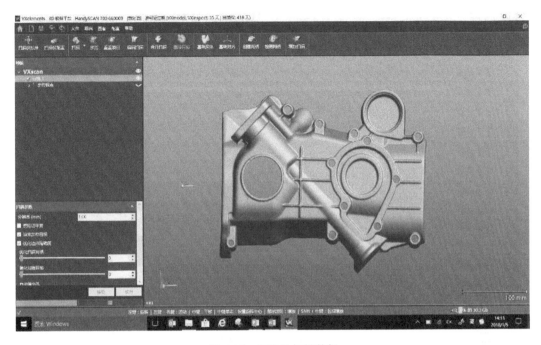

图 6-97 完整的扫描数据

8. 保存数据

1）选择"文件"→"任务另存为"菜单命令，如图 6-98 所示。

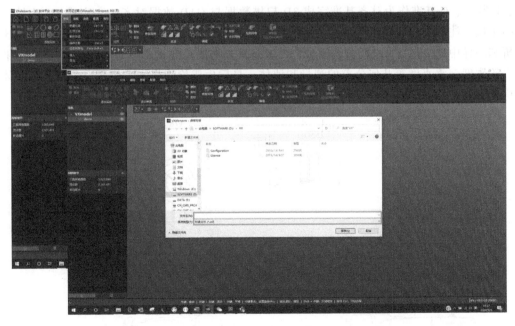

图 6-98 保存源文件

2）还可以保存其他格式的文件，如 . stl、3D 点云等，如图 6-99 所示。

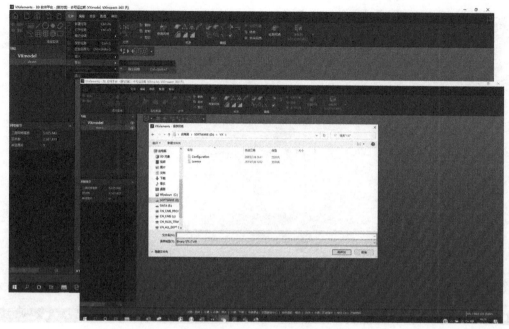

图 6-99　保存 STL 数据

二、箱体类零件数据的分析与检测

样件图样如图 6-100 所示。要求：①根据前面已保存的 .stl 数据，依次以图样上 A 基准、B 基准、C 基准作为对齐基准完成 3D 扫描数据与 CAD 数据对齐；②完成 3D 比较、色谱图生成、注释创建，要求临界值为±4mm，名义值为±1mm，12 段色谱图；③完成 2D 比较分析和图样中的 2D 尺寸注释，若需创建 2D 截面，则按需要进行创建；④完成图样中平面度、轮廓度、垂直度等几何公差的测量和评估。最后生成检测报告，使所有分析结果都体现在检测报告中。

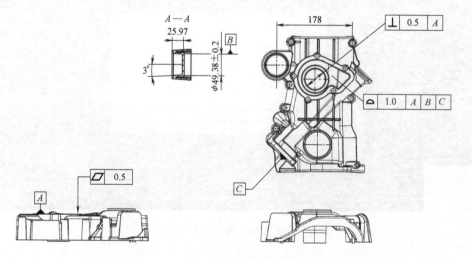

图 6-100　样件图样

分析检测步骤如下：

1. 导入数据

1）双击桌面上的 VXelements 图标 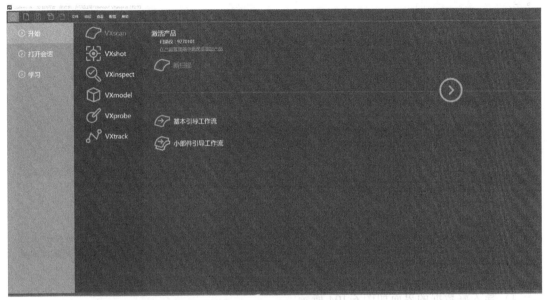，打开 VXelement 软件，其界面如图 6-101 所示。

图 6-101　VXelements 界面

2）单击图 6-101 中的 VXinspect 选项 ，再单击图标 进入 VXinspect 主界面，如图 6-102 所示。

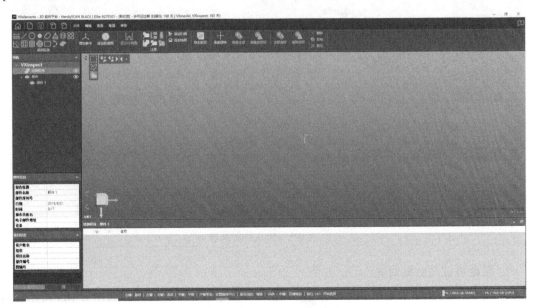

图 6-102　VXinspect 主界面

3）选择"文件"→"导入"→"VXinspect 网格"菜单命令，导入前面保存的扫描数据；选择"导入 CAD 模型"菜单命令，导入 CAD 模型，如图 6-103 所示。

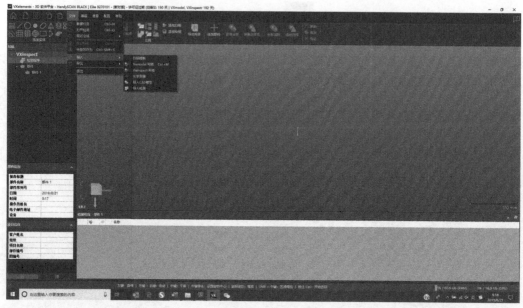

图 6-103　导入数据

4）导入好数据的界面如图 6-104 所示。

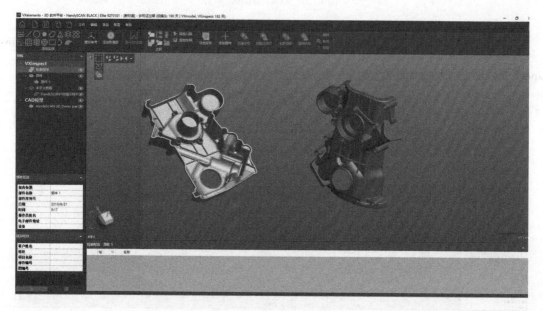

图 6-104　导入数据界面

2. 创建特征与数据对齐

1）单击工具栏中的增加参考图标，进入"参考系 1"对话框，如图 6-105 所示；参考类型选择"面片最佳拟合"，如图 6-106 所示。

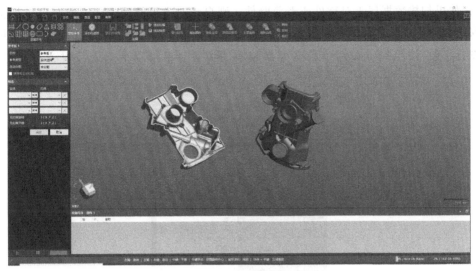

图 6-105 增加参考

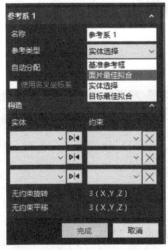

图 6-106 面片最佳拟合对齐

2）移动的选择扫描数据，固定的选择完整 CAD 数据，预对齐模式选择自动模式，如图 6-107 所示。

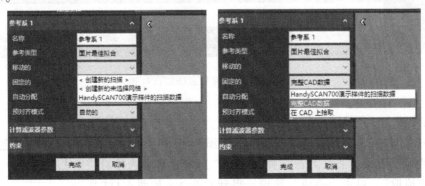

图 6-107 设置参数

3）如果扫描数据属于对称件或者薄壁件，则自动对齐可能会失效，此时可以把预对齐模式改成手动模式，如图 6-108 所示。单击"完成"按钮后，单击工具栏中的"测量选择项"图标，按照提示在两个数据大概相同的位置，单击三个点进行对齐，如图 6-109 所示。

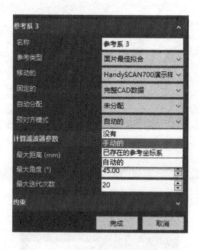

图 6-108　预对齐模式改成手动

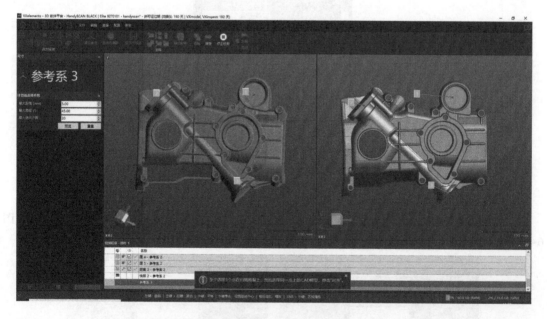

图 6-109　手动面片最佳拟合对齐

4）最佳拟合对齐结果如图 6-110 所示。

5）根据图样要求，提取出基准。单击"添加实体"组中的平面工具，进行创建，基准实体标签填写字母 A，测量方法选择"网格"，测量网格选择对应的扫描数据，名义选择"在 CAD 上拾取"，单击"完成"按钮，得到基准 A，如图 6-111 所示。

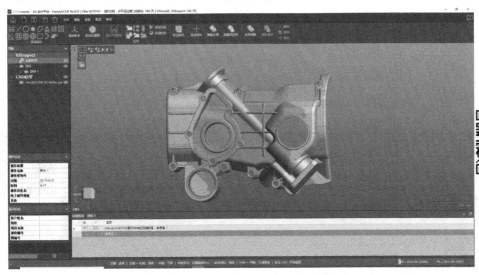

E6-22 箱体面片最佳拟合对齐结果

图 6-110 面片最佳拟合对齐结果

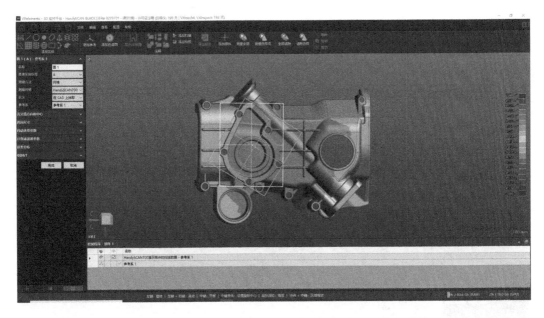

图 6-111 创建基准 A

6）单击"添加实体"组中的平面工具进行创建，测量方法选择"网格"，测量网格选择对应的扫描数据，名义选择"在 CAD 上拾取"，选择基准 B 的约束平面，单击"完成"按钮，得到平面 2，如图 6-112 所示。

7）单击"添加实体"组中的圆工具进行创建，基准实体标签填写字母 B，测量方法选择"网格"，测量网格选择对应的扫描数据，名义选择"在 CAD 上拾取"，约束平面选择平面 2，单击"完成"按钮，得到基准 B，如图 6-113 所示。

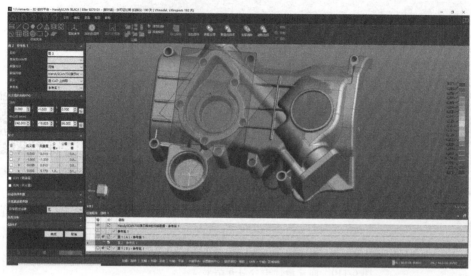

E6-23　箱体创建约束平面 2

图 6-112　创建约束平面 2

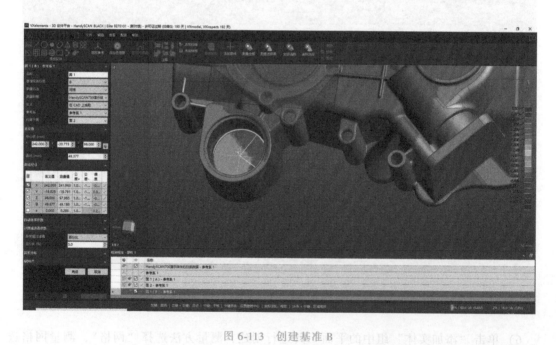

图 6-113　创建基准 B

8）单击"添加实体"中的平面工具进行创建，基准实体标签填写字母 C，测量方法选择"网格"，测量网格选择对应的扫描数据，名义选择"在 CAD 上拾取"，单击"完成"按钮，得到基准 C，如图 6-114 所示。

9）按照图样要求进行基准对齐，配对结果如图 6-115 所示。

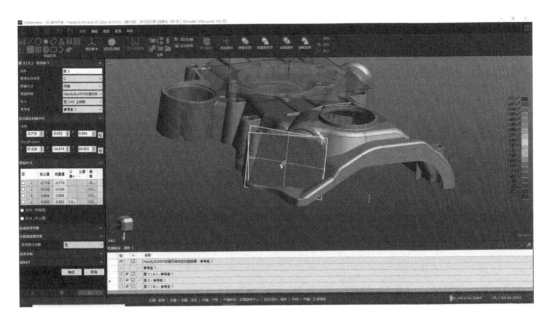

图 6-114 创建基准 C

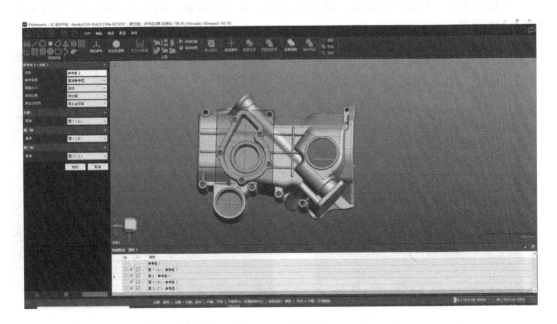

图 6-115 基准对齐

10）根据对齐结果，对基准进行特征注释，结果如图 6-116 所示。

3. 3D 分析

1）数据对齐好以后，单击工具栏中的添加色谱图图标 ，单击"完成"按钮，结果如图 6-117 所示，见彩色插页。

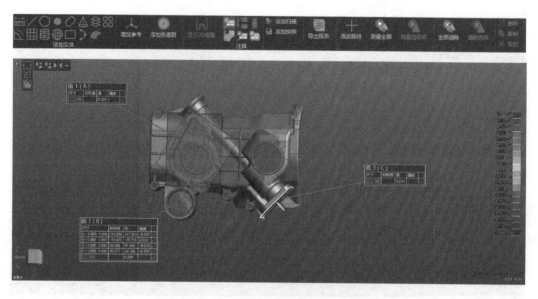

图 6-116　特征注释

2）根据要求，设置色谱段数、最大临界值、最小临界值、最大名义值、最小名义值，如图 6-118 和图 6-119 所示。

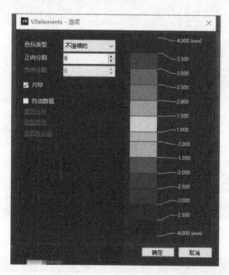

图 6-118　设置色谱段数

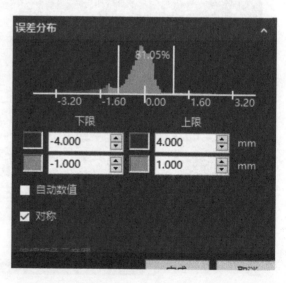

图 6-119　设置最大、最小值

3）单击工具栏中的创建注释图标，在需要关注的部位单击一下，就会出现点偏差，包括整体偏差，如图 6-120 所示。

4）单击工具栏中的"添加快照"图标，在左侧对话框中可以改变字体的大小，以及是否要放在报告的首页等设置，如图 6-121 所示。

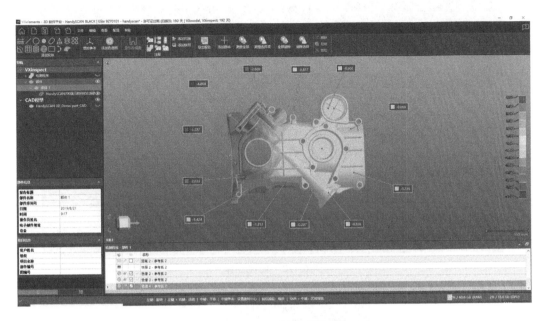

图 6-120 创建注释

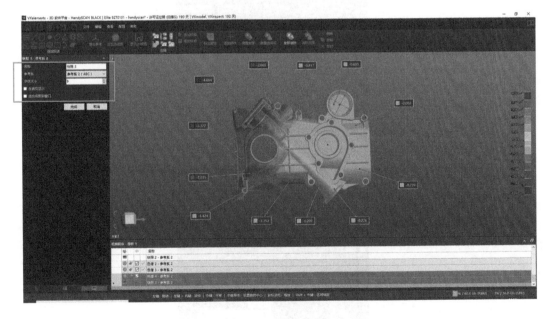

图 6-121 添加快照

4. 几何公差分析

1）单击工具栏中"添加实体"组中的锥体工具创建锥体，如图 6-122 所示。

2）在图 6-122 所示界面的左侧对话框中设置 GD&T，根据图样的要求设置垂直度公差，如图 6-123 所示；单击"完成"按钮，软件自动计算测量值，如图 6-124 所示。

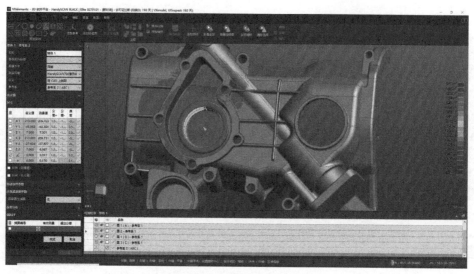

图 6-122   创建锥体

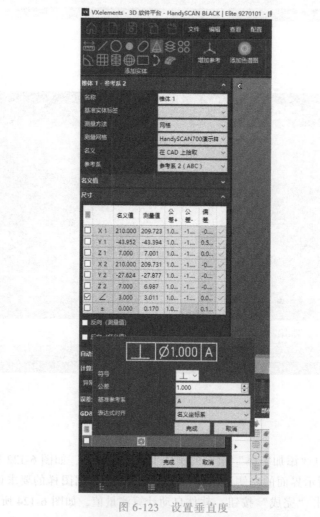

图 6-123   设置垂直度

3）单击工具栏中"添加实体"组中的曲面工具创建曲面，如图 6-125 所示。

4）在图 6-125 所示界面的左侧对话框中设置 GD&T，根据图样的要求设置轮廓度公差，如图 6-126 所示。

5）单击工具栏中的实体注释图标 ，单击选择前面添加的锥体和曲面，使其显示出来，并进行注释，如图 6-127 所示。单击工具栏中的"添加快照"图标 添加快照，使当前页出现在报告中。

图 6-124　垂直度测量值

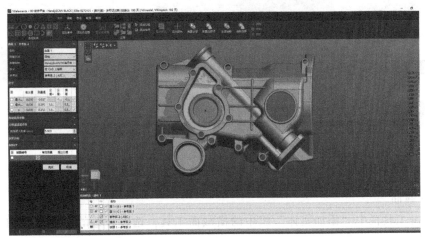

图 6-125　创建曲面

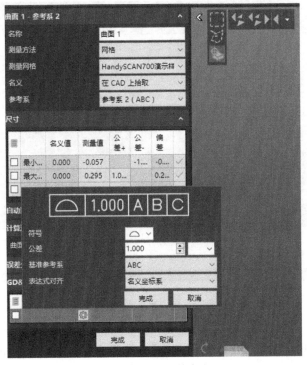

图 6-126　设置轮廓度

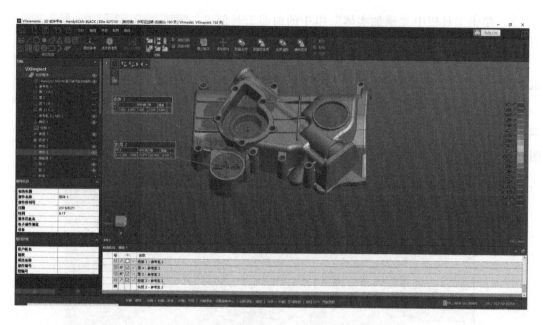

图 6-127　实体注释和添加快照

5. 2D 截面

1）单击工具栏中"添加实体"组中的横截面工具，选择合适的位置创建 2D 截面，如图 6-128 所示。

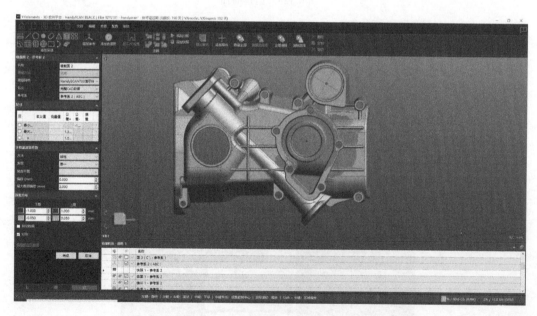

图 6-128　创建 2D 截面

2）单击工具栏中的显示 2D 视角图标，选择合适的位置，单击创建注释图标，创建 2D 注释如图 6-129 所示。

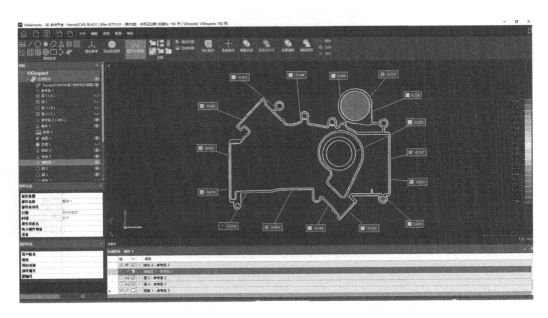

图 6-129　2D 注释

3）单击工具栏中"添加实体"组中的圆工具，根据图样的要求，创建具有尺寸关系的两个圆，再单击"添加实体"中的距离命令，测量两个圆之间的距离，最后添加快照，如图 6-130 所示。

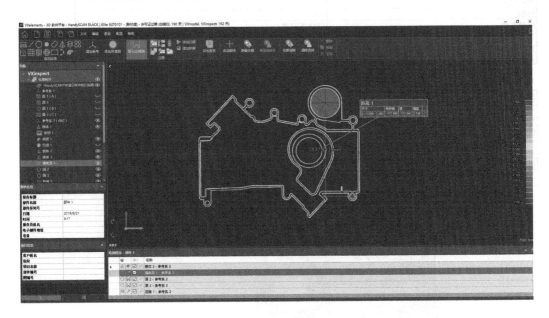

图 6-130　尺寸检测

6. 导出检测报告

1）在软件界面的左下角可以填写部件信息和项目信息，如图 6-131 所示。

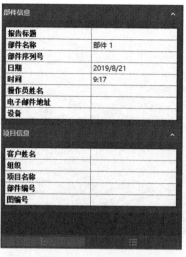

图 6-131　信息填写

E6-24　项目六
检测报告

2）导出报告。单击工具栏中的导出报告图标　，如图 6-132 所示。

图 6-132　导出报告

3）本任务导出的检测报告如下，可扫描二维码查看彩色版。

项目信息

客户姓名	XX
组织	XX
项目名称	箱体类零件
部件编号	1
图编号	1
单元	mm

部件信息

部件名称	部件 1
部件序列号	1
日期	2019/8/21
时间	9:17
操作员姓名	Baron
电子邮件地址	XX
设备	HandySCAN 3D

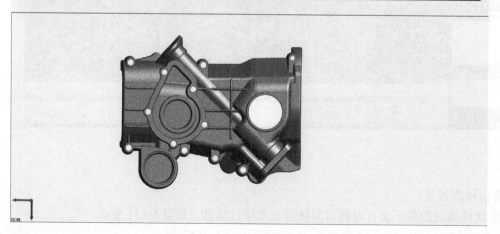

⊞ 面 1（A）- 参考系 1

GD&T	公差	标称值	测量值	偏差	超出公差范围
▱ 1.000	1.000		0.322		

⊞ 面 2 - 参考系 1

GD&T	公差	标称值	测量值	偏差	超出公差范围
▱ 1.000	1.000		0.159		

◯ 圆 1（B）- 参考系 1

尺寸	公差	标称值	测量值	偏差	超出公差范围
X	1.000 -1.000	242.000	241.963	-0.037	
Y	1.000 -1.000	-19.825	-19.791	0.035	
Z	1.000 -1.000	98.000	97.965	-0.035	
∅	+1.000 -1.000	49.377	49.186	-0.191	

GD&T	公差	标称值	测量值	偏差	超出公差范围
◯ 1.000	1.000		0.289		

⊞ 面 3（C）- 参考系 1

GD&T	公差	标称值	测量值	偏差	超出公差范围
▱ 1.000	1.000		0.232		

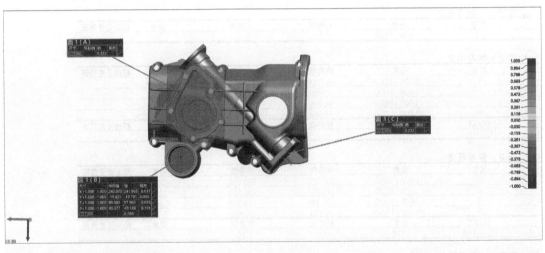

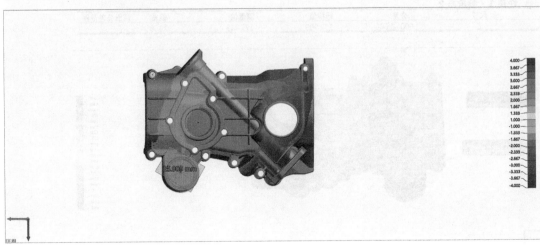

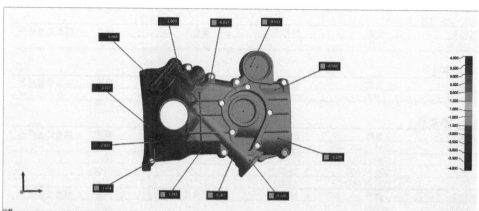

🥟 曲面 1 - 参考系 2

GD&T	公差	标称值	测量值	偏差	超出公差范围
⌓ 1.000 A B C	1.000		0.589		

⚠ 锥体 1 - 参考系 2

GD&T	公差	标称值	测量值	偏差	超出公差范围
⊥ Ø1.000 A	1.000		0.017		

⚠ 锥体 3 - 参考系 2

尺寸	公差	标称值	测量值	偏差	超出公差范围
∠	+1.000 -1.000	3.000	3.000	0.000	

◯ 圆 2 - 参考系 2

尺寸	公差	标称值	测量值	偏差	超出公差范围
X	1.000 -1.000	242.000	241.530	-0.470	
Y	1.000 -1.000	-43.650	-43.650	0.000	
Z	1.000 -1.000	98.000	97.955	-0.045	
Ø	+1.000 -1.000	56.654	56.636	-0.018	
GD&T	**公差**	**标称值**	**测量值**	**偏差**	**超出公差范围**
◯ 1.000	1.000		0.160		

◯ 圆 3 - 参考系 2

尺寸	公差	标称值	测量值	偏差	超出公差范围
X	1.000 -1.000	294.000	293.663	-0.337	
Y	1.000 -1.000	-43.650	-43.650	0.000	
Z	1.000 -1.000	-79.999	-79.888	0.111	
Ø	+1.000 -1.000	11.144	10.956	-0.188	
GD&T	**公差**	**标称值**	**测量值**	**偏差**	**超出公差范围**
◯ 1.000	1.000		0.157		

↔ 距离 1 - 参考系 2

尺寸	公差	标称值	测量值	偏差	超出公差范围
Z	1.000 -1.000	-177.999	-177.843	0.156	

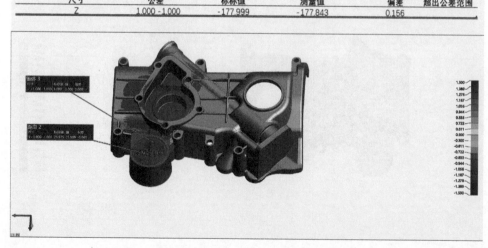

面4 - 参考系2					
GD&T	公差	标称值	测量值	偏差	超出公差范围
⬭ 1.000	1.000		0.147		

面5 - 参考系2					
GD&T	公差	标称值	测量值	偏差	超出公差范围
⬭ 1.000	1.000		0.159		

距离2 - 参考系2					
尺寸	公差	标称值	测量值	偏差	超出公差范围
Y	1.000 -1.000	25.975	25.909	-0.066	

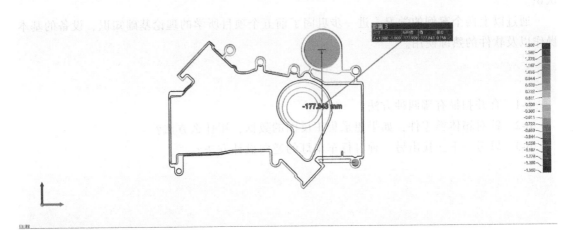

项目训练与考核

1. 项目训练

采用 HandySCAN 3D 手持式三维激光扫描仪进行零件三维扫描，并对零件的数模进行 CAD 重构、数据分析与检测，创建检测报告。

2. 项目考核卡（表 6-1）

表 6-1　综合训练项目考核卡

考核项目	考核内容	参考分值/分	考核结果	考核人
素质目标考核	遵守规则	5		
	课堂互动	5		
	团结合作	10		
	理解创新	10		
知识目标考核	自行车车灯的三维扫描和 CAD 数模重构步骤	15		
	箱件类零件的三维扫描和分析检测方法	15		
能力目标考核	掌握自行车车灯的三维扫描和 CAD 数模重构	20		
	掌握箱体类零件的三维扫描和分析检测	20		
总计		100		

 项目小结

本项目主要介绍了自行车车灯的三维扫描和 CAD 数模重构以及箱体类零件的三维扫描和分析检测两个案例。

（1）自行车车灯的三维扫描和 CAD 数模重构　本案例以自行车车灯为例，介绍了从三维扫描到 CAD 数模重构的整个流程，使学生对整个逆向设计过程有更加清晰的认识。

（2）箱体类零件的三维扫描和分析检测　本案例以箱体类零件为例，介绍了从三维扫描到数据分析与检测的整个流程，使学生对整个三维扫描与分析检测过程有更加清晰的认识。

通过以上两个案例的学习，进一步巩固了前五个项目所学的理论基础知识、设备的基本操作以及软件的熟练使用。

 思考题

6-1　合并扫描有哪两种方法？

6-2　针对箱体类零件，如果想采集正反面的数据，用什么方法？

6-3　思考一下，找出另一种自行车车灯的逆向设计方法？

参 考 文 献

[1] 刘永利. 逆向工程及 3D 打印技术应用 [M]. 西安：西安交通大学出版社，2018.

[2] 成思源，杨雪荣. Geomagic Design X 逆向设计技术 [M]. 北京：清华大学出版社，2017.

[3] 陈雪芳，孙春华. 逆向工程与快速成型技术应用 [M]. 2 版. 北京：机械工业出版社，2015.

[4] 王永信，邱志惠. 逆向工程及检测技术与应用 [M]. 西安：西安交通大学出版社，2014.

[5] 成思源，杨雪荣. Geomagic Qualify 三维检测技术及应用 [M]. 北京：清华大学出版社，2012.

[6] 胡庆夕，林柳兰，吴镝. 快速成形与快速模具实践教程 [M]. 北京：高等教育出版社，2011.

参考文献

[1] ……
[2] ……
[3] ……
[4] ……
[5] ……
[6] ……